本书获得河南省级横向课题"大数据环境下隐私信息保护算法研究"（5001-501216）的资助

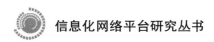

信息化网络平台研究丛书

多区域纹理替换模型及实时应用

万金梁◎著

MULTI-REGIONS TEXTURE
SUBSTITUTION MODEL AND
REAL-TIME APPLICATION

经济管理出版社
ECONOMY & MANAGEMENT PUBLISHING HOUSE

图书在版编目（CIP）数据

多区域纹理替换模型及实时应用/万金梁著. —北京：经济管理出版社，2023.9
ISBN 978-7-5096-9308-7

Ⅰ．①多… Ⅱ．①万… Ⅲ．①数字图像处理 Ⅳ．①TN911.73

中国国家版本馆 CIP 数据核字（2023）第 175569 号

组稿编辑：王 蕾
责任编辑：杨 雪
助理编辑：王 蕾
责任印制：黄章平
责任校对：张晓燕

出版发行：经济管理出版社
　　　　　（北京市海淀区北蜂窝 8 号中雅大厦 A 座 11 层　100038）
网　　　址：www.E-mp.com.cn
电　　　话：（010）51915602
印　　　刷：唐山昊达印刷有限公司
经　　　销：新华书店
开　　　本：720mm×1000mm/16
印　　　张：14
字　　　数：230 千字
版　　　次：2023 年 9 月第 1 版　　2023 年 9 月第 1 次印刷
书　　　号：ISBN 978-7-5096-9308-7
定　　　价：88.00 元

前　言

图像/视频编码技术是图像/视频处理的重要分支之一，在许多领域有着广泛应用。传统的混合视频编码框架立足于经典的率失真理论，利用视频流的时间冗余、空间冗余和统计冗余压缩信息。但是，混合编码框架并没有深入研究人眼视觉系统对视频信号的理解机理，因此不可能充分地消除人类视觉感知冗余。因此，如何找到一种新的图像/视频表征模型一直是编码领域的研究热点。

纹理指包含一定重复模式又呈现一定随机性的事件，它可以描述自然界中非常广阔的自然现象，如声音、图像、视频、运动及几何曲面等。图像像素可划分为两大类别：形成图像结构部分的可勾描像素和组成剩余纹理部分（即结构之间的部分）的不可勾描像素。因此，分割区域的轮廓结构及纹理信息就可以为图像与视频的分析与理解提供一种简洁可靠的区域特征表达模型。本书围绕区域特征表达模型展开研究，提出了多区域纹理替换模型。本书针对多区域模型存在计算量大、计算复杂等问题，结合并行计算技术，从鲁棒性和实时性两个方面深入研究，改进多区域模型效率；并针对分段迭代曲线拟合存在的重建区域轮廓不连续、重建区域尺寸有误差等问题，提出了一种基于融合细分的多区域纹理图像重构模型。具体的研究工作有：

第一，根据区域特征表征模型理论，建立了多区域图像纹理替换模型。多区域图像纹理替换模型可分为多区域提取、区域轮廓结构特征提取、区域纹理样本选择和多区域图像重建四个阶段。在多区域轮廓曲线中，该模型能选用最小的区域纹理样本来实现中等水平视觉的区域纹理替换，以便最大限度地消除感知冗余。实验表明，多区域图像纹理替换模型能够获得良好的图像重建质量，而且纹理区域个数越多，重建质量越好；同时与JPEG、JPEG2000相比，不仅能得到更大的压缩率而且能保留人类视觉最关注的图像信息。

第二，根据多区域图像纹理替换模型潜在的并行特性——区域轮廓结构特征提取与纹理样本选择阶段没有数据依赖关系，建立了多区域图像纹理替换编码的并行设计模型。该模型可分为如下阶段：并行性分析、数据划分、进程间通信、聚集与映射、负载平衡、并行程序、并行算法的性能测试实验。根据上述并行设计模型，笔者开发了两种并行算法：一种是基于轮廓的并行算法；另一种是基于参数的并行算法。在基于参数并行算法执行过程中，进程间只传递表征区域轮廓结构信息的参数，从而有效地降低数据通信量。实验结果表明，在保证重建图像质量的情况下，上述两种并行算法的执行时间都明显低于串行算法，而且区域个数越多，并行算法节省的图像重建时间就越多。另外，笔者对两种并行算法的性能也进行了对比分析。

第三，根据多区域图像纹理替换模型潜在的并行特性——区域轮廓结构特征提取与纹理样本选择阶段没有数据依赖关系，设计了混合 MPI 与 OpenMP 的图像纹理替换并行算法，充分利用数据之间的并行特性，提高时间效率。

第四，结合动态纹理学习与合成模型，建立了多区域视频纹理替换模型。从本质上讲，多区域视频纹理替换模型可视为一种新的、简洁可靠的动态背景重建方法，以实现任意时长、不重复的动态背景。在模型中，视频序列中的每帧图像分为静态区和动态区；多区域图像纹理替换模型应用于静态区，而动态纹理学习与合成模型应用于动态区，同时借鉴 H. 264 压缩编码原理，在学习与合成之前，把静态区域设置为 0，以提高压缩率和效率。实验表明，多区域视频纹理替换模型不仅能获得良好的视频重建质量，而且能保留人类视觉最关注的视频信息。

第五，针对分段迭代曲线拟合存在的重建区域轮廓不连续、重建区域尺寸有误差等问题，提出了一种基于融合细分的多区域纹理图像重构模型。首先，提取原始图像的分割区域，经过轮廓跟踪与下采样得到区域形状的特征向量；其次，利用三重逼近与三重插值统一的融合细分方法，重建区域轮廓曲线；最后，合成区域纹理，得到纹理图像重构结果。在多幅自然场景图像上进行实验验证，并给出相应的实验结果和分析。实验结果表明，基于融合细分的多区域纹理图像重构模型正确有效，具有和人类视觉特性相符合的重构结果；所提算法能够减少图像重建时的处理时间，并在图像质量主观评价指标上明显优于多区域图像纹理替换模型。

目录 Contents

1

绪　论

1.1　引言

　　近年来，数字媒体技术、IP 网络技术、3G 移动通信技术及文化创意产业迅速发展，并且越来越紧密地结合在一起。随之引发的是人们对实时且高质量的多媒体数据传输、新的媒体制作方法（特别是计算机动画的制作）和新型人机交互等方面的需求，这些需求则反过来对媒体处理技术提出了更高的要求。现有的基于像素/块与基于对象的视频处理技术已不能适应新的需求，人们开始从解析视频的内容入手探索新的理论和方法。然而，视频的原始像素与具有语义特性的内容信息之间存在巨大的"鸿沟"（Gap），因而寻求一种高效的视频信息层级表示模型，探索指导这种模型建模的新的视觉信息理论，实现从视频信号到内容的跨越，成为发展下一代视频处理技术的研究热点和突破方向。

　　图像与视频是人类接受信息最为直观的方式，也是现实中最重要的信息载体之一。图像数据信息是人们在自然界感受到的主要信息之一，包括静止图像和运动图像（即视频）。统计资料表明，人们获取信息方式的70%来自图像（张春田等，2006）。自 20 世纪 80 年代以来，随着多媒体通信技术的飞速发展，人们获取和处理的图像数据信息已经从简单的文字图片向更为复杂的音视频多媒体信息转变。随着人们对实时的、高质量的多媒体数据传输、新的媒体制作方法（例如，计算机动画制作）和新型人机交互等方面的需求增加，视频等多媒体信息在 Internet 和移动网络中的处理和传输成为了信息化中的热点。然而，图像数字化后的数据量巨大，从而给数字图像的存储、处理和传输带来了巨大的挑战。因此，如何实现静止图像和视频帧信号数字化后的数据压缩，在保证图像质量的前提下，用最少的码率实现各类数字图像的存储、处理和传输，成为了视频/图像压缩编码需要解决的热点问题（Sullivan and Wiegand，2005）。可以预见在今后相当长的时间内，日益丰富、优质的视频图像内容与有限的带宽依然会是通信领域面临的主要矛盾之一。

图像压缩的实现主要是基于图像的冗余信息，通过去除其间的冗余信息，来实现图像压缩的目的。图像信号的冗余主要有统计冗余和结构冗余两个方面。统计冗余来源于被编码信号概率密度分布的不均匀性，主要通过熵编码消除。结构冗余主要源于图像数据的空间和时间相关性。空间相关性源于同一帧图像的相邻像素间，以及相邻行之间的相似性，可以通过空间变换去除，如离散小波变换（Discrete Wavelet Transform，DWT）（沈兰荪、卓力，2005）或离散余弦变换（Discrete Cosine Transform，DCT）（Cho and Mitra，2000）等。时间相关性源于相邻帧之间的相似性，即视频序列中前后帧之间基本相似。视频压缩编码通过运动估计/运动补偿、变换编码、预测编码以及矢量量化等技术，去除图像数据中的冗余信息和对视觉不重要的细节分量，减少结构冗余。现有的视频压缩编码国际标准都采用了这些技术，如 H.264 和 MPEG-2、MPEG-4 等。

人类视觉系统（Human Visual System，HVS）是人获取外部信息的主要手段之一。一般情况下，人眼对视频图像的不同区域的主观感觉是不同的；同时，在不同的应用中，对于不同种类的图像而言，每个区域的重要程度往往是不相同的，也就是说观察者通常只对视频、图像的某一部分感兴趣。因此，包含在色度信号、图像高频信号和运动图像中的一些数据因不能对增加图像、视频的清晰度（相对于人眼）作出贡献而被认为是多余的，从而不可避免地产生了人类视觉感知冗余。

但是，人类视觉系统本身是一个极其复杂的系统，它的研究涉及神经生理学、认知心理学、计算机视觉、图像处理、模式识别、人工智能等多个学科，而且人类视觉系统从眼睛接受外界视觉刺激，到人类产生反应和相应的行为也是一个非常复杂的过程，包括初级视觉皮层等感官细胞的视觉感知作用，以及高级皮层区域的视知觉（包括知觉和推理等作用）。正是由于上述原因，有效消除视觉感知冗余的图像/视频编码问题并没有一个统一的解决方法，还存在很多问题需要研究。因此，能有效消除感知冗余并具有实时特性的图像/视频编码算法一直是计算机视觉领域的研究热点与难点。

1.2 研究背景及研究意义

随着信息社会的高度发展，图像与视频均已成为传递信息的重要载体。随着多媒体技术和通信技术的不断发展，多媒体娱乐、"信息高速公路"不断对信息数据的存储和传输提出了更高的要求，也给现有的有限带宽带来严峻的考验，特别是具有庞大数据量的数字图像通信更难以传输和存储，因此图像压缩技术受到了越来越多的关注。图像压缩的目的是把原来较大的图像用尽量少的字节表示并传输，且复原图像应有较好质量。利用图像压缩可以减轻图像存储和传输负担，使图像在网络上实现快速传输，在存储时可减少空间使用。

图像压缩编码技术可以追溯到 1948 年提出的电视信号数字化，到今天已经有 70 多年的历史了。在此期间出现了很多种图像压缩编码方法，其中 DCT、游程编码、DPCM、预测编码及霍夫曼编码等编码方法因技术上的成熟，已被有关国际组织定为压缩编码的主要方法。特别是 20 世纪 80 年代后期，由于小波变换理论（彭玉华，2003）、分形理论（Hartenstein et al. , 2000）、人工神经网络理论、视觉仿真理论（Han et al. , 2006）的建立，图像压缩技术得到了前所未有的发展，其中基于区域的图像压缩、分形图像压缩和小波图像压缩是当前研究热点。当前较为广泛使用的图像压缩方法有：JPEG 压缩、JPEG2000 压缩、小波图像压缩、分形图像压缩和基于区域的图像压缩。

自贝尔实验室开始进行 DPCM 技术的研究以来，逐渐形成了变换编码、预测编码、熵编码三类经典技术，用于去除视频信号的空间冗余、时域冗余及统计冗余。到目前为止，已知的视频编码标准都建立在基于这些经典技术的混合编码框架（Hybrid Coding Framework）之上。第一代编码技术的编码实体是像素或像素块，没有利用图像的结构特点，也没有考虑到人眼视觉特性对编码图像的影响，因此去除客观和视觉冗余信息的能力已接近极限。

Kunt 等（1985）提出了利用人眼视觉特性的第二代压缩编码的思想，思路是对图像/视频信号进行分解与表述，并采用合成与识别压缩数据。第二代压缩编码的代表 MPEG-4 把视频/图像分割成不同对象，通过对不同对象采用不同编码方法来实现高效压缩，但视频对象分割涉及图像的分析与理解问题，这一直是具有挑战性的难题。除此之外，MPEG-4 仍然沿用了第一代编码中基于"块"的运动估计和运动补偿，这种运动估计并没有针对真正的运动目标，导致视频序列的时间冗余不能完全去除。因此，尽管 MPEG-4 框架已经制定，但至今仍没有通用的有效方法从根本上解决以上两个问题，这无疑在很大程度上限制了 MPEG-4 的应用。

在这种背景下，如何显著提升编码效率是一个具有极大挑战性的科学问题。笔者认为上述两种方法之所以遇到难以突破的瓶颈，主要是因为视频信号层面的特征和语义层面的内容信息之间存在深深的"鸿沟"（Gap）。近年来，图像解析（Image Parsing）和图形学等相关领域的一些新的理论和方法，特别是图像的基元/纹理表示研究的最新进展，给人们带来了很大的启发，促使人们从图像视频处理中的最底层问题——图像/视频的内容解析入手，研究新的图像和视频编码方法。

在计算机动画制作领域，计算机图形学作为重要的技术支撑，解决了计算机动画制作中的许多问题，如自动填色、纹理映射和逼真光照明模型等。但是，以图形学为基础的计算机动画制作系统需要手工描绘关键帧（用计算机鼠标或其他输入方式），对物体运动的生成还需要借助其他领域的知识。为了减少关键帧绘制的工作量，基于运动捕捉（Motion Capture）的"表演动画"逐步壮大，但运动捕捉只获取标定好的关节点的信息，丢弃了视频信息中含有的大量的极为丰富的动画素材元素，而这些元素的充分利用能帮助人们提高动画制作效率，并获得具有真实感的动画效果，因此人们越来越重视视频信息的有效提取，并期望结合图形学的发展共同提高计算机动画制作技术。但是，由于对视频信息全方位的、多层的分析与处理的欠缺，信号层面（像素级别）的特征或语义层面（对象级别）的特征并不能真正高效地用于动画的生成，因此寻找能高效地用于计算机动画中的特征，最终也落脚于对图像/视频的表示方法的研究。

数字视频是当今学术界和工业界的热门研究话题，它已逐渐成为应用最为广泛的媒体类型。由于数字视频数据的海量性，绝大多数数字视频的应用都需要强有力的压缩编码。自从国际电信联盟（ITU）在 1984 年推出第一个视频编码国际标准 H. 120 以来，视频压缩经过 20 多年的发展，已经比较成熟，相应的算法、应用和相关产品都比较丰富，创造了巨大的市场价值，也改变了人类的生活。蓬勃发展的视频编码技术已经成为了现代信息技术中不可或缺的重要组成部分。编码器的压缩效率取得了质的飞跃，也完全可以满足某些特定应用的需要。特别地，随着 Internet、无线通信网、高清电视和数字广播网的快速发展，人们对获取多媒体信息的需求日益旺盛，因此视频编码技术成为有效传输和存储数字视频信息的关键技术之一。

在 1974 年，Ahmed 等（1974）首次介绍了著名的离散余弦变换（DCT）算法。在 1981 年，Jain 等（1981）的研究成果使运动补偿（Motion Compensation，MC）预测技术在视频编码中的应用逐渐走向成熟。自此，基于 MC/DCT 混合编码架构的现代视频编码技术进入了快速发展的阶段。ITU 和国际标准化组织/国际电工委员会（ISO/IEC）也从 1990 年开始先后制定了多个基于 MC/DCT 混合编码架构的视频编码国际标准，包括 H. 261、H. 263，MPEG-1、MPEG-2 和 MPEG-4（Part 2 Visual）。在 1999 年，ITU 和 ISO/IEC 又成立了联合视频组（Joint Video Team，JVT），开始制定最新的视频编码标准 H. 264/AVC，直到 2003 年完成了标准化工作。

为减轻我国音视频相关产业的专利费负担以及提升核心竞争力，基于我国专家多年参与 MPEG 国际标准制定的经验，由国家信息产业部科学技术司于 2002 年 6 月批准成立的"数字音视频编解码技术标准工作组"联合国内从事数字音视频编解码技术研发的科研机构和企业，针对中国音视频产业的需求，提出了基于我国自主创新技术和国际公开技术的第二代信源编码标准 AVS（Audio Video coding Standard）。因其采用了 8×8 整数变换、量化、帧内预测、1/4 精度像素插值、特殊的帧间预测运动补偿、二维熵编码等大量新的或经改进的技术，从而使编码效率大大提高。其编码效率比 MPEG-2 要高 2~3 倍，而相对于 H.264/AVC 又具有高压缩率、高编码速率以及低编码复杂度等技术优势。2006 年，AVS 标准获得了信息产业部（现为工业和信息化部）及国家标准化委员会的批准，正式成为中国国家音视频编解码标准。

从视频编码技术的几十年发展历程来看，正如 JVT 主席 Gary Sullivan 指出的，如何在复杂度（计算资源、内存容量等）和时延受限的条件下，获得最优化的率失真性能，是视频编码设计的核心问题。研究人员主要从减少空间冗余、时间冗余和统计冗余三个方面对视频编码的率失真性能进行改善，如在 H.264 视频编码标准中采用的帧内预测、帧间预测、变换编码和熵编码等技术。相对于 H.264 之前的视频编码标准，H.264 在获得相同编码视频图像质量的情况下可以降低 50% 左右的码率（Gao et al.，2004），反映出视频压缩取得的巨大进步。

至今，视频编码领域的研究人员仍然致力于编码效率的进一步提高。在 2005 年权威的 IEEE 会刊上，著名学者 Sikora 就视频编码技术的发展趋势作了综述，指出采用视觉处理、基于区域的视频编码技术是该领域的热点研究方向之一（Sikora，2005）。在国家重点基础研究发展计划（973 计划）2008 年度重要支持方向中，包括了基于视觉特性的视频编码理论这个研究方向。

图像/视频解析的一个重要目的是要从观测到的图像/视频中计算得到对其内容的一个层级的、渐进抽象的解释。在传统视频信息处理中，主要有两种典型的处理方法：

（1）基于像素的空域和频域方法。

很多传统的图像与视频处理方法都是基于像素本身或像素经过 FFT、DCT 等变换后的频域特征的。在图像与视频压缩领域，多数方法是在像素层面上进行信号特征的数据冗余计算和消除，取得了极大的成功，产生了 MPEG、H.26x 等一系列广泛使用的基于变换编码、预测编码和熵编码混合框架的视频压缩标准（贾川民等，2021）。在视觉领域，从影调恢复形状、运动恢复结构（Structure from Motion）、立体视觉、光流法等方面也取得了很大的进展。这类方法基本忽略了图像与视频天然的层级结构，难以提取具有语义特性的高层信息，因而无法直接用于内容分析和进一步去除更多的内容信息冗余。同时，由于需要处理的数据是高维的（像素数目或变换结果），处理效率较低。

（2）基于对象或者部件的全局模型/方法。

基于对象或者部件的全局模型/方法，如可变形模型（李志威等，2013）、轮廓跟踪、人脸识别领域的主成分分析（PCA）、目标检测中的贝叶斯模型方法（张文钧等，2021）等。这类方法直接针对某类具有语义特性的对象或目标建模，往往需要对不同的对象利用大量的样本进行独立学习，难以满足视觉分析和视频编码在通用性方面的需要，而且它们在表示精度、有效性、可重构性等方面也存在一些问题，这也是 MPEG-4 基于对象的编码方法最终没有成功的主要原因。

笔者认为这两种方法之所以都存在难以克服的缺点，主要是因为视频信号层面的特征（像素级的空域和频域特征）和语义层面的内容信息（对象、目标、场景以及它们之间的关联）之间存在深深的"鸿沟"，而无论停留在信号层面还是试图直接跨越到语义层面，都难以到达彼岸。形象地，如图 1-1 所示，与语言文字的"字母—单词—句子—段落"层次模型相类似，笔者有理由相信图像表示模型也应遵从"像素—基元/纹理—对象—场景"的层次模型。其中，对图像基元的求取与运用将使图像和视频能够在语义层面得到高效的表达。图像基元并不是笔者提出的一个新概念。来自视觉感知、认知机理方面的大量证据表明，早期视觉通道神经细胞（视网膜、LGN 和 V1 区）可以计算在不同尺度和方向的基本图像结构。也就是说，从图像表示意义上来讲，最底层的像素和高层的对象之间应该存在一些非常重要的、需要深入挖掘和准确定义的表征视频内容特征的基本元素。在计算机视觉领域，研究人员也以此为根据，一直在寻求对图像的有效基元表达。这部分工作大致可以被划分为以下两类：

一是基于图像基元的线性叠加模型。20 世纪 90 年代，Donoho 等（1998）基于调和分析，将图像作为二维方程，并证明傅立叶基、小波基以及 Ridgelet 等是泛函空间的独立成分。通过它们的线性叠加，可以近似图像函数。在自然图像统计分析方面，Olshausen 和 Field（1997）提出了稀疏编码理论。他们从大量自然图像块（Image Patch）中学习了一些超完备（Over-Complete）的图像基（Basis），并表明可以通过它们的线性叠加来表示图像。但是，由于彼此相互独立，这些图像基的提取不能很好地表达物体的语义结构。另外，尽管这些图像基比较适合表达图像的结构部分，但它们并不适合对纹理图像内容进行表示。

二是基于初始简图的图像表示模型。20 世纪 60 年代，Julesz（1960）首先提出了一个"纹理模型"理论，他推测性地认为纹理是一个图像的集合，其中的图像在与人类感知有关的某些特征上具有相同的统计特性。此后，他又提出了一个 Texton 理论（Julesz，1983），把条棒（Bar）、边缘和端点称为 Textons，Marr（1982）则总结了 Julesz 的理论以及一些其他的实

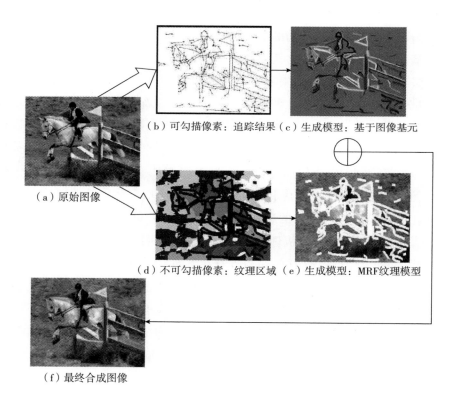

（a）原始图像

（b）可勾描像素：追踪结果（c）生成模型：基于图像基元

（d）不可勾描像素：纹理区域（e）生成模型：MRF 纹理模型

（f）最终合成图像

图 1-1　生成式初始简图模型方法示意图

验结果，提出了一个被称为"初始简图"的理论框架，并使用了图像基元的概念作为一种符号性的或者 Token 性的图像表示方法。Marr 认为这样的符号化的表示应该可以获得非常高效而简洁的表达，重建图像至少在感知上与原图像没有太大差别。尽管 Julesz 和 Marr 提出了很多非常有启发意义的思路和想法，但他们既没有提供一个显式的、形式化的数学描述，也没有对基元与纹理层的特征相关性深入研究。因此，从图像内容的表示上讲，并没有完全建立一个图像内容表征的理论体系。

2003 年，Guo 等（2003）基于 Markov 随机场（MRF）模型和稀疏编码模型在图像表示方面的优缺点提出了一种新的图像表示模型——初始简图模型（Primal Sketch）。其基本思路是：将图像像素划分为两个大的类别，即形成图像结构部分的可勾描（Sketchable）像素，以及组成剩下的纹理部分（即结构之间的部分）的不可勾描（Non-Sketchable）像素。如图1-1 所示，首先将通过草图追踪算法得到"简图"（b），其中每个端点和线段，对应一个"图像基元"。这些图像基元是一些"遮挡性图块"而非"加性图块"，而且各有若干关键点可以对齐到简图上，描述"简图基元"的隐变量，包括几何（位置、尺度和方向）、拓扑（连接度）和光度（对比度和模糊）等，就构成了整个简图的属性描述，利用它们可以很容易得到图 1-1（c）所示的简图图像。其次，剩余的像素，即图像的纹理部分，则可以在简图的基础上，划分为若干个同态纹理区，如图 1-1（d）所示，其中每个灰度表示一个纹理区。每个纹理区的统计特性（比如直方图）就可以提取出来作为统计摘要信息。通过在每个纹理区上模拟 MRF 模型（产生同样的统计特性）即可以合成纹理，如图 1-1（e）所示。最后，通过融合简图图像和合成纹理即可以得到最终的合成图像。与稀疏编码模型相比，初始简图模型中的图像基元是从图像中学习得到的更加稀疏的图像基元，如图 1-2 所示。图像基元之间在空间上的组织是定义在 Attribute Graph 上的 Inhomogeneous Gibbs 模型来强调如连续、平滑、闭合等 Gestalt 心理感知特性。

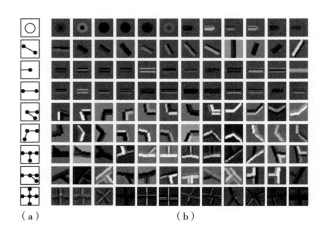

（a）　　　　　　　　　　　（b）

图 1-2　Hyper-Complete 图像基元

注：每个图像基元表示不同的局部图像结构。

综上所述，以初始简图为模型的图像表示体系为视频分析技术的研究做了如下贡献：一是在理论上发展了 Julesz 基于心理学的纹理基元概念以及 Marr 的初始简图理论框架；二是通过严格的理论分析探讨了由于尺度（距离）或相机分辨率的不同而导致图像（以及其中客体）呈现不同统计特征的现象；三是给出了涵盖高熵纹理和较低熵图像结构的统一自然图像表示的形式化数学模型；四是初始简图的求取算法。

初始简图模型对一般图像的表达十分简洁，在 1∶200 的压缩比下，还能达到对图像内容的高质量呈现。另外，值得一提的是该模型在表示漫画图像方面具有更加明显的优势。因为一般漫画大多是由简单的线描与比较均匀的区域构成，初始简图模型本质上是一种属性图，其节点是带有相邻区域色彩的矢量化线描块。该模型通过图像结构能够非常方便、简洁地勾画出漫画中物体的轮廓，并通过要素节点上的色彩信息对区域进行扩散式（Diffusion）填充，从而达到对漫画乃至动画高效编码的目的。

可见，基于初始简图的图像表示模型恰好为跨越底层像素与高层认知模型之间的"鸿沟"提供了一个桥梁。在本书的研究中，笔者将基于静态初始简图模型，提出并研制一个针对视频的统一的计算机表示统计模型——动态初始简图模型。运用这种具有明确的图像基本结构定义的层次模型，同时结合视频中存在的时域信息，将有助于建立起既有很强的表达能力（照片质量的）而且高效的（低维和松耦合的）视频内容模型，有望为图像/视频编码、压缩、分析和理解研究领域带来革命性的观念，并产生全新的研究方法和技术手段。动态初始简图由时空基元与动态纹理构成，其中时空基元之间的连接关系有两种：一种是图像序列中同一帧上的连接，它不仅描述几何连接关系，而且对于同属于一个物体的具有相似属性的时空基元，还表示了运动变化和拓扑变化的一致性；另一种是图像序列两帧之间的连接，它描述相邻两帧之间相对应的时空基元在运动和拓扑变化上的一致性，这是因为笔者假设运动具有平滑和缓慢的特性，同一基元的特性在相邻两帧之间变化不大。一方面，动态初始简图所描述的时空基元以及时空基元之间的连接关系构成了整个视频的属性描述，利用它们可以生成基于时空基元的简图图像序列。另一方面，动态初始简图也划分出了若干个同态动态纹理区，可以对这些动态纹理区进行建模并根据模型合成纹理序列。通过融合简图图像序列和合成的纹理序列，可以得到最终重构的视频。

人类视觉系统是人获取外部信息的主要手段之一。人类视觉系统是一个分块、层次化、复杂并行的神经系统，存在极其复杂的视觉感知和处理策略。人类视觉系统的各个分离的、功能不同且相互连通的细胞及其组成的组织，序列地、并行地处理诸如亮度、形状、颜色、运动、深度等各种视觉信息，并将各种视觉信息整合起来，形成完整的视觉感知世界。

人类视觉系统能够感知视频场景中存在的亮度、颜色、纹理、方向、空间频率和运动等初级视觉信息（Julesz and Schumer，1981）。因为人眼是视频信息的主要接受源，所以利用人类视觉感知原理可以改善视频编码的编码效果和计算效率。人类视觉系统对视频图像场景的感知是有选择性的，特别是对高频信息和色差信号不敏感；不同的区域或者目标对象也具有不同的视觉重要性；同时，人类视觉系统对不同视频信号中的各种失真也具有不同的敏感程度。利用人类视觉系统的这些特性，可以指导视频编码器进行更为有效的比特资源和计算资源的分配。然而，传统混合视频编码框架都是立足于经典的率失真理论，利用视频流的时间冗余、空间冗余和码字冗余压缩信息。也就是说，传统的图像/视频编码算法在压缩视频图像时，并不区分视频图像中各个区域或目标对象对人类视觉意义上的重要程度；在比特资源和计算资源的分配过程中，并没有考虑人类视觉系统对视频图像场景感知的区别。因此，传统混合编码框架不可能充分地消除人类视觉感知冗余。

基于纹理分析与合成的编码主要是对视频序列中的某些特定区域采用分析与合成的方法而非传统方法进行重构。Portilla 等（2003）提出了纹理图像中基于小波变换域的全局统计模型。Valaeys 等（2003）提出了运动信息和纹理生成过程相结合的模型编码方法，生成一个"视觉等同"的合成区域以替代原始序列中的"真正的"区域，同时保留了正确运动信息的视觉感知。Ndjiki-Nya 等（2009）将视频场景分为纹理区域和非纹理区域两部分，并通过一个纹理分析与合成器把花、草等主观不重要（观众并不在意每朵花的具体样子，只要有一个整体印象即可）的纹理区域分割并重构出来。以上方法在编码过程中都尽量避免了传输人眼不敏感的视觉信息，但也有自身的不足：有些不敏感区域的划分是通过手工标定的，即使能够自动地检测到并划分出不敏感区域，也没有一种有效的方法能够对所有的纹理区域进行视觉无瑕的重建；此外，纹理区域与非纹理区域的过渡问题也没有得到很好的解决。

另外，正如 Sullivan 和 Wiegand（2005）指出的，实际的视频编码算法设计还必须要考虑计算复杂度这个重要问题，而这在实时的视频处理应用领域尤为重要。例如，H. 264/AVC 视频编码标准虽然能够显著地改善压缩效率，但是它所消耗的计算资源也会成倍增加，而且视觉感知分析引入的额外计算复杂度也是一个需要关注的地方。因此，新的编码算法框架不仅要能实现利用视觉感知原理对比特资源和计算资源进行更有效的优化分配，而且还要尽可能地提高计算效率，减少执行时间。只有这样，设计的新编码算法框架才具有重要的理论意义和应用价值。

1.3　本书的主要内容

本书的主要内容如下：

第 1 章　绪论。本章对图像/视频编码问题做出了综述，就其研究背景、应用前景、研究现状做出了较为全面的介绍。详细介绍了消除视觉感知冗余的编码方法的研究现状及存在的问题。给出了本书的主要研究内容和创新点并对各章内容安排进行了说明。

第2章 相关基础理论。本章介绍了本书涉及的理论知识，包括图像与视频编码理论、人类视觉感知理论、视觉显著性检测理论、并行计算理论和图像分割理论，为理解后续研究多区域纹理替换算法提供理论基础。一是详细阐述了图像编码和视频编码理论。二是论述人类视觉感知理论，包括感知特征、研究现状及其在图像与视频处理领域中的应用。三是论述了视觉显著性检测理论。四是详细介绍了并行计算的相关理论，包括并行计算机及软件环境、并行计算模型、并行算法设计的关键问题及性能度量指标。五是介绍了图像分割理论。

第3章 多区域图像纹理替换模型。本章详细阐述了笔者提出的多区域模型的四个执行过程：图像分割与多区域提取、区域轮廓提取、区域纹理样本选择和多区域图像重建。实验表明，该多区域模型能够获得良好的图像重建质量，而且纹理区域个数越多，重建质量越好。

第4章 多区域视频纹理替换模型。本章结合动态纹理学习与合成模型，建立了多区域视频纹理替换模型。在模型中，视频中的每帧图像分为静态区和动态区；多区域图像纹理替换模型应用于静态区，而动态纹理学习与合成模型应用于动态区，同时借鉴 H.264 压缩编码原理，在学习与合成之前，把静态区域设置为 0，以提高压缩率和效率。实验结果表明，我们的模型不仅能获得良好的视频重建质量，而且能保留人类视觉最关注的视频信息。

第5章 多区域纹理替换模型的串行算法。本章给出了详细的实现代码。

第6章 基于轮廓的 MPI 并行算法。我们根据多区域图像纹理替换模型潜在的并行特性——区域轮廓结构特征提取与纹理样本选择阶段没有数据依赖关系，建立了多区域图像纹理替换编码的 MPI 并行设计模型。该模型可分为如下阶段：并行性分析、数据划分、进程间通信、聚集与映射、负载平衡、MPI 并行程序、并行算法的性能测试实验。最后我们通过不同的纹理替换编码实验，分别从重建质量、执行时间、加速比方面对算法进行比较，实验结果表明基于轮廓的 MPI 并行算法都明显优于串行算法。同时，区域个数越多，并行算法节省的图像重建时间就越多。

第 7 章　基于参数的 MPI 并行算法。本章在基于轮廓并行算法的基础上，提出了基于参数的 MPI 并行算法。在基于参数的 MPI 并行算法执行过程中，进程间只传递表征区域轮廓结构信息的参数，从而有效地降低数据通信量。最后我们通过不同的纹理替换编码实验，分别从重建质量、执行时间、加速比方面对算法进行比较，实验结果表明基于参数的 MPI 并行算法都明显优于串行算法。同时，区域个数越多，并行算法节省的图像重建时间就越多。

第 8 章　混合 MPI 与 OpenMP 的并行算法。我们根据多区域图像纹理替换模型潜在的并行特性——区域轮廓结构特征提取与纹理样本选择阶段没有数据依赖关系，建立了多区域图像纹理替换编码的混合 MPI 与 OpenMP 并行设计模型。该模型可分为如下阶段：并行性分析、数据划分、进程间通信、聚集与映射、负载平衡、MPI 并行程序、OpenMP 并行程序、混合并行算法的性能测试实验。我们通过不同的纹理替换编码实验，分别从重建质量、执行时间、加速比方面对算法进行比较，实验结果表明混合 MPI 与 OpenMP 并行算法都明显优于串行算法。同时，区域个数越多，并行算法节省的图像重建时间就越多。

第 9 章　基于融合细分的多区域纹理图像重构模型。该模型首先提取原始图像的分割区域，经过轮廓跟踪与下采样得到区域形状的特征向量；其次，利用三重逼近与三重插值统一的融合细分方法，重建区域轮廓曲线；最后，合成区域纹理，得到纹理图像重构结果。实验结果表明，基于融合细分的多区域纹理图像重构模型正确有效，并在图像质量主观评价指标上明显优于多区域图像纹理替换编码模型。

第 10 章　研究结论与研究展望。本章对研究成果进行了总结并对今后的研究工作做出了展望。

1.4　研究创新点

到目前为止，研究者对能有效消除视觉感知的图像/视频编码算法进行了广泛研究，但是由于人类视觉系统本身的复杂性，有效消除感知冗余、实时的图像/视频编码算法的研究仍是很有挑战性的课题。具体表现在：

第一，如何设计图像/视频编码算法，在保证重建质量的情况下，能够最大限度地消除人类视觉感知冗余并保留人眼最关注的信息。

第二，随着并行计算技术的发展，如何设计高效、通用并行算法，有效降低编码算法的执行时间，从而满足实时系统约束条件。

针对上述难点问题，本书从图像/视频编码算法的有效消除感知冗余、保留人眼最关注的信息及实时性两个方面进行探讨，研究工作的创新点主要体现在：

第一，笔者根据区域特征表征模型理论，建立了多区域图像纹理替换模型（笔者称之为 MRITS Model）。MRITS 模型可分为多区域提取、区域轮廓特征提取、区域纹理样本选择和多区域图像重建四个阶段。在多区域轮廓曲线中，MRITS 模型能选用最小的纹理样本实现中等水平视觉的区域纹理替换，以便最大限度地消除感知冗余并保留人眼最关注的信息。实验表明，MRITS 模型能够获得良好的图像重建质量，而且纹理区域个数越多，重建质量就越好；同时和 JPEG、JPEG2000 相比，MRITS 不仅能得到更大的压缩率而且能保留人类视觉最关注的图像信息。

第二，笔者根据多区域图像纹理替换模型潜在的并行特性——区域轮廓结构特征提取与纹理样本选择阶段没有数据依赖关系，建立了多区域图像纹理替换编码的并行设计模型。该模型可分为如下阶段：并行性分析、数据划分、进程间通信、聚集与映射、负载平衡、并行程序、并行算法的性能测试实验。根据上述并行设计模型，笔者开发了两种并行算法：一种是基于轮廓的 MPI 并行算法（笔者称之为 Contour based Parallel Algorithm）；另一种是基于参数的 MPI 并行算法（笔者称之为 Parameter based Parallel Algorithm）。在基于参数并行算法执行过程中，进程间只传递表征区域轮廓结构信息的参数，从而有效地降低数据通信量。实验结果表明，在保证重建图像质量的情况下，上述两种并行算法的执行时间都明显低于串行算法，而且区域个数越多，并行算法节省的图像重建时间就越多。另外，笔者对两种并行算法的性能也进行了对比分析。

第三，笔者根据多区域图像纹理替换模型潜在的并行特性——区域轮廓结构特征提取与纹理样本选择阶段没有数据依赖关系，设计了混合 MPI 与 OpenMP 的图像纹理替换并行算法，充分利用数据之间的并行特性，提高时间效率。

第四，笔者结合动态纹理学习与合成模型，建立了多区域视频纹理替换模型（笔者称之为 MRVTS Model）。从本质上讲，MRVTS 模型可视为一种新的、简洁可靠的动态背景重建方法，以实现任意时长、不重复的动态背景。在模型中，视频中的每帧图像可分为静态区和动态区；多区域图像纹理替换编码模型应用于静态区，而动态纹理学习与合成模型应用于动态区，同时借鉴 H. 264 压缩编码原理，在学习与合成之前，把静态区域设置为 0，以提高压缩率和效率。实验结果表明，MRVTS 模型不仅能获得良好的视频重建质量，而且能保留人类视觉最关注的视频信息。

第五，笔者针对分段迭代曲线拟合存在的重建区域轮廓不连续、重建区域尺寸有误差等问题，提出了一种基于融合细分的多区域纹理图像重构模型。首先，提取原始图像的分割区域，经过轮廓跟踪与下采样得到区域形状的特征向量；其次，利用三重逼近与三重插值统一的融合细分方法，重建区域轮廓曲线；最后，合成区域纹理，得到纹理图像重构结果。在多幅自然场景图像上进行实验验证，并给出相应的实验结果和分析。实验结果表明，基于融合细分的多区域纹理图像重构模型正确有效，具有和人类视觉特性相符合的重构结果；所提算法能够减少图像重建时的处理时间，并在图像质量主观评价指标上明显优于多区域图像纹理替换模型。

2

相关基础理论

2.1 引言

数据压缩率、实时性是图像与视频编码领域中的两个关键问题。为了深入研究能有效消除视觉感知冗余的图像与视频编码算法，本章介绍了本书涉及的理论知识，包括图像与视频编码理论、人类视觉感知理论与并行计算的相关理论知识等，为后续研究多区域纹理替换编码算法及其并行算法奠定基础。

当前，多媒体通信随着网络技术的进步得到了空前的发展，并且已经成为信息产业中发展最为迅速的部分。作为多媒体服务重要组成部分的数字音视频技术已经得到了极大的发展和广泛的应用。为了在 Internet 上实现有效的、高质量的传输视频流，数字视频的压缩编码技术（唐向宏、李齐良，2008）成为 Internet 视频传输的关键技术之一。视频图像压缩编码的目的是在保证一定重构质量的前提下，以尽量少的比特数来表征视频图像信息。传统图像/视频混合编码框架通常采用预测编码、变换编码及熵编码，主要包括帧内预测、帧间预测（运动估计与补偿）、正交变换和熵编码等技术（Richardson，2003）。本章的 2.2 节将详细阐述图像/视频压缩编码原理。

人眼是视频图像信息的主要接受源。观察者对视频图像场景的感知是有选择性的，不同的区域或者目标对象具有不同的视觉重要性，而且对不同视频信号中的各种失真也具有不同的敏感程度。因此，利用人类视觉系统的感知原理可以改善视频编码的编码效果和计算效率。但是，传统混合编码框架并没有深入研究人眼视觉系统对视频信号的理解机理，因此不可能充分地消除人类视觉感知冗余。同时，人类视觉系统本身是一个极其复杂的系统，人类视觉系统从眼睛接受外界视觉刺激，到产生反应和相应的行为也是一个非常复杂的过程。本章的 2.3 节将详细介绍人类视觉系统的感知原理、研究现状及其在图像/视频处理领域的应用。

并行计算技术因硬件设备（处理器、网络等）的迅速发展和价格的日益降低，越来越受到重视，并被广泛应用到很多科学技术领域。并行计算环境也逐渐从超级计算平台转移到集群计算平台上，集群（Cluster）（陈国良，2003）是指多个独立的计算机系统通过高速通信网络互连（光纤、以太网等），统一调度、实现高效并行处理的计算系统。集群中的每一个计算机系统称为节点（Node），它们作为一个整体向用户提供一组计算资源。目前，基于 Linux 环境的集群系统和基于 Windows 环境的集群系统都已成为最流行的高性能计算平台。其中，基于 Linux 环境的集群系统的计算性能接近于 100TELOP，典型代表是 Beowulf 和 Blue Gene/L 集群系统。本章的 2.5 节将介绍并行计算机的分类、软件运行环境、并行计算的定义与模型、并行算法设计及评价并行算法的性能指标。

2.2 图像与视频编码理论

2.2.1 图像编码

数字图像是用来表示图像中信息的一类数据，图像之所以能够进行编码压缩是因为表达这些信息的数据存在大量的冗余，克劳德·艾尔伍德·香农（Claude Elwood Shannon）在信息论里提到，数据等于信息加冗余，图像压缩的任务就是通过设计合理的编码方法，尽量减少这些冗余，以尽可能低的比特数存储图像数据。根据编解码后的图像是否能完全恢复，一般将图像编码方法分为两种：一种是无损编码方法。无损编码也称无损压缩或无失真压缩，是运用适当的变换和编码方法，使像素与像素之间的联系被完整地保留下来，所以恢复图像时不会引起任何失真，但这一类方法压缩比率通常较小，占用的存储空间仍然较大，因此其应用范围很有限。另一种是有损编码方法。有损图像编码通过一些变换和量化的方法压缩了熵，导致信息量减少，损失的这部分信息量将不能再恢复，因此有损编码是一个不可逆的过程。由于人的肉眼对图像中一些细小的信息感知不明显，对于一些不需要非常高的精确度或恢复后不影响表达内容的图像，在保证图像观感的情况下，可以使用有损编码进一步提高压缩比。这一特性使有损图像编码得到了广泛应用，极大地减少了对存储空间的占用。越来越多的研究者加入有损图像编码领域，以期进一步提高有损图像编码的性能。

现代图像压缩编码技术始于香农的信息论，到今天已经有 70 多年的历史。近些年，随着数字技术的突飞猛进，图像压缩技术也得到了迅速的发展。进入 21 世纪，各种通信、网络等对图像压缩技术提出了大量需求，微电子技术的进步为高速图像压缩提供了可实现平台，此种情况下，图像压缩很快进入了实用化阶段，发展出很多不同种类的技术，形成了广泛应用的多种标准。

Kunt 等（1985）首先提出了利用人眼视觉特性的第二代图像编码的思想，受到人们的广泛关注。与此同时，许多学者结合模式识别、计算机图形学、分形几何、小波分析（易成、袁伟，2019）等理论，提出了分形编码、模型编码、小波变换编码等多种新型图像编码方法，进一步改善了压缩性能和图像重建质量。随着互联网的日益普及，图像编码还要求实现嵌入式编码、多分辨率编码和抗误码传输。其中，小波变换理论的发展为人们提供了一种新的、有效的多分辨率信号处理工具，目前基于小波变换的图像编码方法是图像压缩领域的一个主要研究方向（刘东等，2021）。

小波变换具有优美的数学背景和强大的多分辨率分析能力。它集成和发展了短时傅立叶变换的思想并克服了其时间窗口不可变的缺点。小波变换通过使用具有局部感受野和多尺度的基函数，形成了同时具有局部和全局性质的信号表征。与 DCT 等全局变换相比，小波变换可以防止局部高频信息扩散到整个变换域，因而处理信号中的局部非平滑特征时更加高效。

然而，由于前文所述的原因，传统小波变换在处理具有复杂特征的自然图像时不够高效。为了解决这些问题，一些改良版本的小波变换被提出，这包括非自适应小波变换和自适应小波变换两种类型。

在传统平面图像处理的应用中，小波变换是一个强大的处理工具，被广泛应用到图像的编码、边缘检测、识别等领域。小波变换作为傅立叶变换的发展，克服了傅立叶变换的缺陷，可以根据频率的高低自动调节窗口大小，是一种自适应的时频分析方法，具有多分辨分析功能。小波系数在信号快速变换处会产生较大的幅值，局部性比傅立叶变换好，为信号提供了一种较好的稀疏表示。与最初始的小波变换相比，Mallat（1989）将小波变换的时间复杂度降低到了 O（2N），极大地促进了小波变换的应用，同时支持原位运算，减小了内存开销。除此之外，提升小波从结构本身保证了变换的完美重建特性，这使基于提升结构设计新型的小波变换变得更加简单。因为这些优点，提升小波又被称为第二代小波变换，以显示其不仅是小波变换的特殊实现形式，而且进一步拓宽了小波变换的外延。提升小波由三个步骤组成：拆分、预测和更新。

Haar 小波长期没有引起研究人员的注意，直到 20 世纪 80 年代研究人员才对新出现的标准正交小波基开始了广泛研究，最终出现了著名的具有紧支撑的 Daubechies 小波基。小波基的构造一般需要考虑支撑长度、对称性、消失矩、正则性以及相似性等约束。这些小波的约束是互相影响的。小波消失矩阶数越高，小波系数越稀疏，但是消失矩的增加会使小波的支撑长度增加，导致计算效率降低，同时也会使由孤立点引入的大系数增加。小波消失矩的增加在一般情况下会提高小波的正则性。正则性较好的小波，能在信号或图像的重构中获得更好的平滑效果，减小量化或舍入误差的视觉影响，但是并不是所有小波都有这一特性。在对支撑长度的影响上，正则性与消失矩类似，即正则性越好，其支撑长度也会越长，这点需要根据实际应用进行权衡。对 Haar 小波来说，其支撑长度较短、消失矩较低、性能较差。Daubechies 小波具有较好的正则性，其引入的误差不容易被察觉，使信号重构过程比较光滑。

为更好表达图像中的方向信息，人们提出了一系列方向小波变换。Gabor 小波是将 Gabor 理论同小波理论相结合后提出的一种方向小波。虽然该小波的计算复杂度有所提升，但是它具备多分辨率特性和方向性，具备更好的纹理结构描述能力，被广泛应用于人脸识别中。Complex 小波变换则采用复数滤波器，其输出结果为复数。它克服了 DWT 中系数变化的不可预测、方向性差以及缺乏相位信息的缺点。Ridgelet 变换对线性奇异多变量函数具有良好的逼近性能，但对于曲线奇异多变量函数，其逼近性能仅相当于小波变换，没有最佳的非线性逼近误差衰减阶。基于 Ridgelet 理论，Candès 和 Donoho（2004）提出了 Curvelet 变换。该变换由一种特殊的滤波过程和多尺度脊波变换（Multiscale Ridgelet Transform）组合而成。与单尺度 Ridgelet 变换不同，Curvelet 变换的基本尺度不固定，能够在所有可能的尺度上分解。

在图像压缩领域，EZW 编码算法充分应用了小波变换的空频局域化特性，具有嵌入式码流结构，其编码效率高、运算复杂性较低，对小波图像压缩的研究起到了显著的推动作用。进一步，在 EZW 编码算法之后又出现了性能更优的 SPIHT（Set Partitioning in Hierarchical Trees）算法。SPIHT 算法是基于图像小波变换的树形结构及空频局域化特性所构造的小波图像压缩算法。一些研究者又在 SPIHT 算法的基础上，利用提升小波，结合可变长游程编码，进一步提升了 SPIHT 算法的编码效率，增加了图像传输的实时性。由于图像具有很强的方向性，自适应方向提升小波能更好地处理图像的相关性。只需沿着图像相关性最强的方向进行提升变换，即可获得比传统小波变换更加稀疏的系数。基于以上原理，该方法通过计算局部方向的空间相关性，能够有效处理多纹理图像的轮廓、边缘等信息，在图像去噪方面取得了较好的效果。

由于伸缩、平移运算在傅立叶变换域变为一般代数运算，小波变换的大多数性质都是通过傅立叶变换工具来描述的，但在一些应用环境下，伸缩、平移不可实现。在这种情况下，传统的小波变换通常是不可用的。如果是定义在球面上的函数，如球面图像，那么就很难通过伸缩、平移得到小波变换的函数族，用传统的小波变换分析这类函数难度较大。在这种情况下，由 Vetterli 和 Herley（1992）提出的提升结构为构造球面小波变换提供了一种有力的工具。目前，提升小波已在图像处理中获得了广泛的应用，已列入 JPEG2000 图像压缩标准，分别实现了用于有损压缩的小波和用于无损压缩的整数小波。该方法实际上是一种将处理时间减半的离散小波变换的新实现。更加重要的是，提升方法还提供了在球面等其他域上构造小波基的能力。利用提升方法，Schröder 和 Sweldens（1995）提出了一种在球面三角网格基础上构造双正交小波的技术。他们通过对球体的三角网格剖分，引入了作为多分辨率分析基础所需的层次结构，提出了一种球面小波变换及其实现。该球面小波使用小波提升方案构建具有某种自定义属性的球面小波。双正交小波技术的小波基构建在球面三角剖分基础上，用于压缩球面地形测量数据，简化双向反射分布函数（BRDF）的计算。该研究从传统连续基函数的角度入手开始构造了球面小波变换，共构建了两种不同类型的小波基：第一种是从惰性小波提升方法出发，构建了基于三角网格顶点的小波基；第二种是从 Haar 小波出发，构造了基于三角面片的连续小波基。

视频图像数据往往存在各种信息的冗余，如空间冗余、视觉心理冗余和统计冗余等。这些冗余来自数据之间的相关性，或者来自人的视觉特性，这就为视频图像数据压缩提供了可能。数据压缩的理论基础是信息论，信息论创始人香农以概率论的观点提出了度量信息量的方法（Shannon，1948），同时也描述了信息冗余度。从信息论的角度讲，压缩就是去除信息中的冗余，减少承载信息的数据量，用一种更接近信息本质的描述来代替原有冗余的描述。数据冗余并不是一个抽象的概念，它可以用数学定量的描述。设 n_1 和 n_2 代表两个表示相同信息的数据集合中所携载信息单元的数量，则 n_1 表示的数据集合的相对数据冗余 R_D 定义为：

$$R_D = \frac{(n_1 - n_2)}{n_1} = 1 - \frac{1}{C_R} \tag{2-1}$$

其中，C_R 称为压缩率，定义为：$C_R = n_1 / n_2$。

图像数据的压缩主要基于对各种图像数据冗余及视觉冗余进行的压缩，具体压缩方法如下所示：

一是空间冗余压缩。一幅视频图像中的相邻各像素点的取值往往相近或相同，具有空间相关性，这就是空间冗余。图像中在同一部分的采样点之间往往存在很强的相关性，相邻像素点的取值通常会十分接近或者相同。例如，企鹅白肚皮这片区域的像素几乎是同一颜色，那么这一部分即存在着空间冗余。常见处理空间冗余的方法是映射变换。图像的空间相关性表示相邻像素点取值变化缓慢。从频域的观点看，意味着图像信号的能量主要集中在低频附近，高频信号的能量随频率的增加而迅速衰减。通过频域变换，可以将原图像信号用直流分量及少数低频交流分量的系数来表示，这就是变换编码中的离散余弦变换的方法。离散余弦变换是 JPEG 和 MPEG 压缩编码的基础，可对图像的空间冗余进行有效的压缩。

二是统计冗余压缩。对于一串由许多数值构成的数据来说，如果其中某些值经常出现，而另外一些值很少出现，则这种取值上统计的不均匀性就构成了统计冗余，可以对其进行压缩。具体方法是对那些经常出现的值用短的码组来表示，对不经常出现的值用长的码组来表示，最终用于表示这一串数据的总的码位，相对于用定长码组来表示的码位而言得到了降低，这就是熵编码的思想。目前用于图像压缩的具体的熵编码方法主要是霍夫曼编码，即一个数值的编码长度与此数值出现的概率尽可能地成反比。

三是视觉心理冗余压缩。最终观测视频图像的对象是人，因此视觉冗余是相对于人类视觉系统的特性而言的。人类视觉系统的一般分辨能力为 10^6 灰度级，而一般图像的量化采用的是 10^8 灰度级。这样，从人类视觉系统的分辨能力上分析，图像数据中存在着数据冗余，而且人眼对于图像的视觉特性包括：对亮度信号比对色度信号敏感、对低频信号比对高频信号敏感、对静止图像比对运动图像敏感，以及对图像水平线条和垂直线条比对斜线敏感等。因此，将包含在色度信号、图像高频信号和运动图像中一些并不能对增加图像的清晰度（相对于人眼）做出贡献的多余数据称为视觉冗余，去除这些冗余信息并不会明显降低图像质量。产生这类冗余的主要原因在于人类视觉系统的非均匀性和非线性特性（Granrath，1981）。压缩视觉冗余的实质是去掉那些相对人眼而言看不到的或可有可无的图像数据。

由于人类的视觉系统会自动忽略掉一些不重要的信息，这些不能被视觉所感觉到、不影响观赏质量的部分被称为视觉冗余。虽然去掉这部分信息可能会对信息量带来一定的损失，从而造成一定的失真，但并不影响整体的观察结果，编码后恢复的图像仍有令人满意的主观质量，那么这部分图像信息就可以被舍掉。图像压缩编码的具体方法虽然有多种，但大都是建立在上述基本思想之上的。DCT、游程编码、DPCM、霍夫曼编码及预测编码等编码方法因技术上的成熟，已被有关国际组织定为图像压缩编码的主要方法。

根据编码过程是否带来失真，可将编码分成无损编码和有损编码两个部分。无损编码不会带来信息损失，旨在保证待压缩的数据和压缩后重构的数据完全相同。在一些对信号保真具有极高要求的场景（如文本数据、医疗图像等）中，无损压缩是不可或缺的。一些经典的熵编码方法如霍夫曼编码、游程编码等被广泛应用于提升无损压缩的性能。尽管如此，无损压缩仅能带来2~5倍的压缩效率，难以高效降低数据量。有损编码是指通过有选择地舍弃部分信息，实现高效压缩。根据人眼倾向于关注低频信息，而对高频信息失真不敏感的特性，通过丢弃稀疏的、相对难以编码的高频，并进一步将待编码的符号量化至有限的符号空间，可以在不影响人眼正常观看的条件下实现对信源的高效编码。一般来说，有损压缩可以实现数十倍甚至数百倍的压缩比。通过调整压缩比，可以满足多种信道质量条件下信号传输的需求。

编码效率与场景内容的复杂程度呈负相关，即场景内容复杂程度越低，压缩比越高；场景内容复杂程度越高，压缩比越低。对于纯色块图像，即便采用无损压缩仍能带来显著的压缩比。由于有损压缩引入了压缩失真，面向人眼主观感知优化的压缩方法不可避免地会干扰机器分析的效率。图像编码的基本过程包含变换编码、量化、熵编码等步骤。通过变换编码，将待编码的图像从原空间域映射到另一个域中，从而减小空间冗余，然后根据图像在另一个域的统计特征，通过量化器对数据进行量化以减小字符占用的比特数，从而舍弃掉不重要的部分，最后进行熵编码，进一步实现无损编码，并使其更加接近熵的极限。

（1）变换编码。

在一张图像中，单个像素所包含的信息是微乎其微的，多个相邻像素组成了图像的信息，相邻像素之间的相关性很强，因而将这种空间相关性很强的信息转换成不相关信息的过程称为变换。原始图像经过变换后得到去相关的数据，意味着这些数据是彼此独立的，因此可以对它们独立编码，从而降低了空间冗余度，实现压缩。常见的变换有：DCT、小波变换（WT）和基于深度学习的自编码器等。

（2）量化。

量化是指将信号分解为多段连续的信号区间，每个区间的值将被映射成一个固定值。对变换系数应用量化技术可以实现稀疏表示，从而保证高效压缩。但是量化是一个"多对一"的映射过程，量化失真难以通过逆量化有效恢复。标量量化是一种简单易用的量化策略，以均匀量化为例，通过将信号值域等分为多个区间，量化值被设置为区间的中点。H.265 在均匀量化的基础上，设计了率失真优化量化，一方面通过对均匀量化的结果进行分组，实现更稀疏的表示；另一方面与其系数编码过程相结合，通过寻找合适的末位非零系数位置，联合考虑了量化对码率和失真的影响。不同于率失真优化量化仅使用一套量化器，H.266 引入了依赖量化，一方面通过对每个系数探索多种量化候选以维持多条联合量化路径；另一方面借助状态机实现两套量化器的切换，实现了率失真优化更优的量化。

量化的目的是减小数据表示符号的数量。图像经过变换后，根据数据中信息的重要程度，将数据从浮点数转换为整数或二进制数，从而减小比特数。常见的量化包括四舍五入、归零取整等。以 JPEG 中的量化举例，经过 DCT 后代表低频数据的能量系数主要集中在矩阵左上角，数值较大；高频则在矩阵的右下角，其值接近于零，然后用系数除以对应位置量化表的值，再进行舍入取整，得到量化后的数据。在基于学习的方法中，由于存在取整函数不可微分的问题，可以在训练过程中通过添加均匀噪声或使用分段函数逼近等手段模拟量化过程。

（3）熵编码。

编码时不损失任何信息的编码技术称为熵编码。数据被量化后，其占用的比特数大大减小，为了让数据进一步得到压缩，可以使用以信息论为理论基础的熵编码方法，对数据进一步无损编码。由香农定理可知，信息熵是在保存信息量的情况下进行编码的每元素平均比特数的下限。使用信息量可以衡量信源中包含的信息大小。信息熵用来度量信源中随机变量不确定性的程度，是信源中信息量的期望。信息熵的值越大，信源所包含的信息量就越多，对信源编码所需要的比特数就越多。因此可以通过熵编码技术，使数据的比特率接近熵的极限，从而提高数据的压缩比。常见的熵编码技术有算数编码、霍夫曼编码、行程长度编码等。

熵编码是一种无损编码方法，对编码过程中的符号元素进行熵编码可以去除符号间的统计冗余，从而提升编码压缩效率。JPEG 采用了游程编码和霍夫曼编码相结合的方式；JPEG2000 则采用优化截取内嵌码块编码的方式以适配其可伸缩特性。在 H. 265 和 H. 266 中，采用了多种熵编码方法的组合，如对于图像参数集、视频参数集采用零阶指数哥伦布编码，对于量化系数、模式符号等使用了上下文自适应的二进制算术编码。在基于端到端的图像压缩网络中，可以通过网络模拟每个系数或每个通道的上下文模型参数，从而实现对编码系数概率分布的估计，实现高效压缩。

常用的图像质量客观评价指标有 $PSNR$、$SSIM$ 和 $MS\text{-}SSIM$。在图像编码工作中，用平均每像素所占的比特数（bits per pixel，bpp）衡量图像的压缩程度，bpp 的取值越小说明图像的压缩率越高。$PSNR$ 是衡量图像客观质量的一种评价指标，$PSNR$ 的值越大，与原始图像的像素值越接近，说明重构图像的精确度越高。$PSNR$ 的计算方式如下：

$$PSNR = 10\log_{10}\frac{(2^a-1)^2}{MSE} \tag{2-2}$$

其中，a 为采样点的位数，彩色数字图像为 8 位。MSE 为原始图像 x 和重构图像 y 的均方误差，是基于像素比较的平方和的均值，计算公式如下：

$$MSE = \frac{1}{n}\sum_{i=1}^{n}(x_i - y_i)^2 \tag{2-3}$$

$SSIM$ 是从原始图像和重构图像之间的亮度、对比度和结构相似度上进行比较的方法，它衡量了两张图像之间的相似性，而 $MS\text{-}SSIM$ 则加入了在多尺度下的对比。

2.2.2 视频编码

21 世纪是一个信息技术的时代，数字信息技术应用于各行各业，影响人们生活的各个方面。视频信号作为和人类感官最密切的信息载体，是未来信息技术研究的重点对象之一。数字化后的视频信息，数据量十分惊人，给信息的存储和传输造成很大的困难。因此，高效的视频压缩技术是降低存储成本，缓解网络带宽的关键技术。

2.2.2.1　视频数据冗余类型

数字视频压缩的基础是原始视频数据当中存在大量的冗余。如果没有这些冗余，视频数据压缩将无从下手。视频数据冗余大体上可以分为以下几种类型：

（1）信息熵冗余。

把原始数据看作由符号组成的序列，各个符号在原始数据中出现的频率是不同的。在原始数据中都是用相同的二进制位数来表示各个符号，这种方法既简单又方便，但是无形中增加了总体数据的长度。霍夫曼编码和算术编码等变长码编码方法，根据各个符号出现的频率，用较少的二进制位数表示出现频率高的符号，用较多的位数表示出现频率低的符号，可以有效地缩短数据的总长度。

（2）空间冗余。

在数字视频序列中，同一帧图像的临近像素点的值在大多数情况下差别不大。在对视频进行数字化采样的时候并没有关注这种现象，而是原原本本地记录了每一个像素的值，这就造成了数据的冗余。实际上利用像素的这种相关性可以有效地缩短数据的长度，如游程编码、各种变换编码以及预测编码等都利用了像素的空间相关性。

（3）时间冗余。

视频序列是由连续的图像组成的，采样的帧速率一般为 25 或 30 帧每秒。相邻两帧图像的时间间隔为 1/25 秒或 1/30 秒。在这么短的时间间隔内，相邻帧之间的变化量很小，只是表现为移动物体所在的空间位置略微不同，图像的内容变化一般是不大的。在一帧的时间间隔内，对于缓慢变化的 256 级灰度的黑白图像序列，帧间差值超过阈值 3 的像素数不到 4%；对于变化较为剧烈的彩色电视图像序列，亮度信号（256 级）帧间差值超过阈值 6 的像素数平均只有 7.5%，而色度信号平均只有 0.75%。因此，相邻两帧图像的像素之间有较强的相关性。若在原始数据中完整地记录了每一帧图像的每一个像素的值，就必然会造成数据冗余，而运动估计和运动补偿技术就是解决视频帧之间时间冗余的很好的方法。

（4）视觉感知冗余。

视觉感知冗余是指原始数据中包含了一些人们感觉不到的信息。这主要是由人类视觉系统特性决定的（喻莉等，2009）。对视觉生理—心理学的深入研究表明，人类视觉系统对空间细节、运动和灰度三个方面的分辨力是相互有关系的，人类视觉系统具有亮度掩蔽特性、空间掩蔽特性和时间掩蔽特性。亮度掩蔽特性是指在背景较亮或者较暗时，人眼对亮度不敏感的特性；空间掩蔽特性是指随着空间变化频率的提高（即相邻像素的差值很大），人眼对细节的分辨能力下降的特性；时间掩蔽特性是指随着时间变化频率的提高（即图像画面运动剧烈，变化很快），人眼对细节的分辨能力下降的特性。如果能充分利用人类视觉系统的生理特性，适当降低对某些参数分辨率的要求，就可以进一步降低数码率。在帧间预测编码中，采用大码率压缩的预测帧及双向预测帧的方法就是利用了人眼对运动图像细节不敏感的特性。

（5）结构冗余。

有些视频图像或者图像的一部分存在内在的结构，如某些纹理图像是由很小的单元不断重复构成的，还有一些图像是由山脉、海岸线，以及某些有分形特征的图形组成的。利用这些图像的结构，可以达到很大的压缩比。利用图像结构冗余的压缩方法最典型的是分形方法。对于一段视频序列，可能包含了若干场景和若干物体，场景的切换、物体的运动及镜头的移动形成了该视频序列。这就是视频序列的内在结构。找出视频序列内在结构，描述这种结构，并用最合适的编码方法编码视频序列的各个部分，这就是基于对象视频编码方法的精髓。

当然，视频序列中还存在知识冗余、频率冗余、图像区域的相同冗余、纹理的统计冗余等。由于视频序列中存在大量的冗余，可以通过消除冗余的方法进行数据压缩。另外，人眼对于视频图像编码在一定程度上的失真并不十分敏感，因此可以利用此特性提高压缩比。随着对人类视觉系统模型和图像结构模型的进一步研究，人们可能会发现更多的冗余性，使图像数据压缩编码的可能性越来越大，从而推动视频图像压缩技术的进一步发展。

2.2.2.2 基本原理

混合编码框架主导着传统编码框架的发展，也是现存编码标准的基础。现有视频的编码标准均基于混合编码框架并在其基础上改进。近几年来由于深度学习技术的进步，深度神经网络在图像视频相关任务中获得了广泛应用并取得了丰硕成果。基于深度学习技术的图像和视频编码技术也逐步兴起。主要方法包括两类：一是采用深度神经网络替换或增强传统混合编码框架中的某一步骤或模块，如用神经网络替换变换模块中的变换核；二是完全抛弃传统框架，直接采用神经网络完成传统框架中的所有模块，称为端到端压缩框架。在端到端压缩框架中，原始视频和图像数据输入压缩网络，压缩网络输出的系数进行编码得到码流，解码端进行上述逆过程获得重建，那么编解码网络可以直接计算码率和失真。从而将率失真函数作为端到端的训练来更新网络参数，提高压缩效率。视频压缩的主要技术分预测编码、变换编码和熵编码等。这些技术广泛应用于现有的各个视频压缩标准中，并不断得到改进。

（1）预测编码。

预测编码是根据某一模型利用以往的样本值对新样本进行预测，然后将样本的实际值与其预测值相减得到一个误差值，再对这一误差值进行编码。如果模型足够好，且样本序列在时间或空间上相关性较强，则误差信号的幅度将远远小于原始信号，从而得到较大的数据压缩。预测编码是利用图像时间和空间的相关性，通过时间或空间相邻像素进行预测编码，从而有效降低图像时空冗余度的一种压缩技术。根据时间相关性和空间相关性，预测编码可分为帧间预测和帧内预测两种。

（2）变换编码。

变换编码是进行一种函数变换，不是直接对空域图像信号编码，而是首先将空域图像信号映射变换到另一个正交矢量空间（变换域或频域），产生一批变换系数，然后对这些变换系数进行编码处理。变换编码是消除图像数据空间相关性的有效方法。

自 1968 年利用快速傅立叶变换（FFT）进行图像编码以来，出现了多种正交变换编码方法，如沃尔什变换、K-L 变换、DCT 和整数余弦变换等。其中，K-L 变换编码性能最理想，但因缺乏快速算法而不利于应用；

DCT 具有和 K-L 变换接近的性能，而且有各种快速算法，因此被广泛地应用于图像编码中，被多种视频压缩标准采用。但是，DCT 是一种浮点运算，计算量巨大，在实际应用中由于引入定点运算会引起失配问题，因此提出了整数余弦变换（简称整数变换）的概念。整数变换的性质和 DCT 基本类似，其特点是变换系数都是整数，这样不仅避免了失配问题，而且简单方便，在新一代视频压缩标准中得到广泛应用，如 H.264 中的 4×4 整数DCT 变换。

（3）量化。

量化是在不降低视觉效果的前提下减少图像的编码长度，去掉视觉恢复中不必要的信息。人眼视觉系统对不同亮度区域的敏感程度不一样，对比明暗变化慢的区域和明暗变化快的区域，人眼对前者中微小的变化感觉更明显，更容易察觉到。因此，编码图像经过空域到频域的编码后，低频信息集中在直流附近，可以采用量化的方法将高频信息部分量化为零，形成大块零区。另外，根据人眼视觉系统的特点，通过调节量化参数可以实现不同的压缩比。量化是视频压缩中引入失真的关键环节，因此，量化参数的调节应在保证输出一定图像质量的前提下进行。

（4）熵编码。

熵编码是基于信号统计特性的编码技术，是一种无损编码，它的实质就是将最常出现的消息用短码表示，不常出现的消息用长码表示，这样使平均码长尽可能短，达到无损压缩的目的。常用的熵编码有霍夫曼编码、游程编码和算术编码等。算术编码在新一代视频压缩标准中得到了广泛的应用，但是其高复杂性给应用实现提出了新的挑战。

综上所述，可以发现消除冗余的各种方法均有自身的特点。因此，实际的视频压缩过程一般采用结合预测、变换、量化和熵编码等多种方法相结合的混合编码方案，以达到最佳的编码效率。最近十几年出现了许多新的编码技术，包括小波编码、分形编码和基于对象编码等，但由于这些方法在压缩性能或可实现性等方面仍然存在不够理想的地方，只适用于特定应用场合，因此它们还处于研究阶段，等待新的突破。

2.2.2.3 新一代视频编码标准

视频压缩的标准化是视频编码技术产业化的前提。编码器严格按照压缩标准，把视频图像压缩成统一的码流格式，解码器唯一地识别编码得到的压缩比特流，解码重构获得视频图像，从而实现信息正确无误地交互。通过一系列视频压缩标准的确立，视频压缩算法的研究取得不断进步，应用也获得巨大的成功。压缩算法和压缩标准相互促进，推动了数字视频的发展。

1990 年发布的 H.261 是 ITU-T 提出的第一个 H 系列视频压缩标准。1995 年，在 H.261 的基础上，ITU-T 推出了 H.263 标准，用于 64kbps 以下的低码率视频传输，如 PSTN 信道中的视频会议、多媒体通信等。2000 年，ITU-T 又分别公布了 H.263+、H.263++等标准，它们是 H.263 的改进版，在保证原 H.263 标准的核心句法和语义不变的基础上，增加了若干选项以提高压缩效率或某方面的功能，进一步提高了压缩编码性能和可扩展性。

此外，ISO/IEC 的动态图像专家组 MPEG（Moving Picture Experts Group）在 1991 年公布了 MPEG-1 视频编码标准，主要用于家用 VCD 的视频压缩。1994 年，其公布的 MPEG-2 标准，主要用于数字视频广播 DVB、家用 DVD 及高清晰电视。1999 年，该专家组又公布了 MPEG-4 标准，它除了定义了基于视听对象的编码标准外，还强调了多媒体通信的交互性和灵活性。

2003 年，ITU-T 和 ISO/IEC 共同成立的联合视频小组 JVT（Joint Video Team）公布了 H.264 视频压缩标准，同时也作为 MPEG-4 的第 10 部分内容。H.264 提供更高的压缩率和更良好的网络亲和性，主要应用于数字广播电视、视频实时通信和网络流媒体等领域。2005 年，JVT 发布了支持高框架的最新版本。

为了解决视频标准的专利问题，促进我国视频压缩相关产业的发展，2002 年，由国家信息产业部科技技术司批准成立了数字音视频编解码技术标准工作组，制定具备自主知识产权的音视频压缩标准——先进音视频编码标准，简称 AVS。主要应用于高清晰数字广播、高密度存储媒体和移动媒体等。AVS 的制定有利于推动我国信息产业的发展，提高相关产业的国际竞争力。

（1）H.264 简介。

H.264/AVC 的发布对于视频广播、通信领域具有极其重要的意义。首先，由于具有较之 H. 263、MPEG-2/4 更高的压缩率，基于 H. 264/AVC 的数字电视广播系统能够在同样的频谱资源条件下传输更多路电视节目，为用户提供更为丰富的视频服务，并显著提高广播业务的商业效益。其次，由于具有良好的网络亲和性，H. 264/AVC 较之传统视频压缩标准更适合在无线信道与 IP 信道等高误码、高丢包率的动态环境中传输，从而使基于 H. 264/AVC 的可视电话与电话会议技术能够为用户提供较好的服务质量。再次，在需要同时传输多个视频源的安防监控领域，H. 264/AVC 能够有效降低传输成本，使部署更多、更全面的监控源成为可能。最后，由于具有单路视频的高压缩性能，H. 264/AVC 能够被应用于可分级视频编码（Scalable Video Coding，SVC）（Schwarz et al. , 2007）与多视点视频编码（Multiview Video Coding，MVC）（Martinian et al. , 2006）等复杂视频压缩应用中，提高视频通信的应用价值。

（2）AVS 简介。

AVS 是由国家信息产业部科技司于 2002 年 6 月批注成立的数字音视频编解码技术标准工作组所制定的标准。目前，AVS 标准中涉及视频压缩编码的有两个独立部分：AVS 第二部分（AVS1-P2），主要针对高清数字电视和高密度存储媒体应用；AVS 第七部分（AVS1-P7），主要针对低码率、低复杂度和较低图像分辨率的移动多媒体应用。

AVS 视频编码标准的特色是在同一编码框架下，针对不同的应用制定不同的信源压缩标准，尽可能减少技术的冗余，从而降低 AVS 视频产品设计、实现和使用的成本。在高清晰数字视频应用中，AVS1-P2 的性能与 H. 264 Main Profile 相当；在低分辨率移动应用中，AVS1-P7 的性能与 H. 264 Baseline Profile 相当。但是在获得相同压缩性能的前提下，由于 AVS 中的压缩技术都经过有针对性的优化，其计算复杂度、存储器和存储带宽资源都低于 H. 264 相应的框架。例如，AVS 运动估计支持四分之一像素插值和 H. 264 分像素插值相比，AVS 的数据带宽减小 11%；AVS 采用 8×8PIT（Pre-Scaled Integer Transform）整数余弦变换，不影响变换压缩性能的同时，节省了编解码端存储和运算开销；AVS 采用指数哥伦布码和定长码，从而降低了熵解码的复杂度和实现难度。

高效视频编码（HEVC），也称为 H. 265 和 MPEG-H part 2，是视频压

缩标准,是广泛使用的 AVC(H. 264 或 MPEG-4 第 10 部分)的几个潜在后继者之一。与 AVC 相比,HEVC 在相同的视频质量水平下提供大约两倍的数据压缩比,或者以相同的比特率显著提高视频质量。它支持高达 8192× 4320 的分辨率,包括 8K UHD。HEVC 是目前被产业界广泛使用的视频编码标准之一。在 HEVC 编码框架中,输入视频每一帧会分块编码,编码框架也是典型的混合编码框架。编码器主要包括:预测(包括帧内与帧间预测)、变换、量化、熵编码、后处理(去块滤波和 SAO)和编码器控制等模块。

首先,HEVC 将输入视频分为一个个图像组(Group of Pictures, GOP)。一个 GOP 内有若干帧,帧分为三类:I 帧、P 帧和 B 帧。GOP 均以 I 帧为起点,由于 I 帧只采用帧内预测,编解码不依赖于参考帧,因此一般也是一个随机接入点,而 P 帧和 B 帧贞则包括单向和双向的帧间预测,因此位于 I 帧之后。每一帧可以划分为较大的方块,即编码树单元(Coding Tree Unit,CTU)。CTU 可以进一步划分为编码单元(Coding Unit, CU),CU 是编码的最小单元。CTU 通过四叉树递归式地划分为若干 CU。大的 CU 有利于平滑区域的高效编码,而对于纹理细节区域,采用较小的 CU 划分可以更好地处理图像的局部细节,从而使复杂图像预测更为精准。其次,进行帧内预测和帧间预测,其中帧间预测包含两种,一种是高级运动向量预测模式,另一种是合并(Merge)模式。HEVC 采用了多模式优选的方法进行率失真优化,在多种编码模式或参数配置下检测率失真代价,并且仅仅选取率失真代价最小的模式,从而有效减小了整体的率失真损失。HEVC 的率失真优化包括多层优化,如 CTU 层、CU 层等。

2.3 人类视觉感知理论

研究图像质量评价的目的是设计出与人类主观评价结果一致的方法,满足人们的生产生活需要。在主观图像质量评价过程中,与图像信息接收密切相关的人类视觉系统深刻影响着评价结果,对人类视觉系统及其感知特性进行分析研究,有助于设计与人类主观评价结果一致的 GAN 生成图像质量评价方法。视觉是物体影像刺激眼睛所产生的感觉,是人类感知世界、获取信息重要的途径之一。大脑皮层超过 1/3 的面积都与视觉相关，人通过视觉能够接收超过 80% 的外部世界信息。因此，视觉信息对人的认知、决策等各项活动都起着至关重要的作用。

人类视觉系统主要包括人眼和视觉中枢神经系统。视觉生理学表明，人眼组成部分由外到内大体可分为角膜、虹膜、晶状体和视网膜。人在观察物体时，光线先后穿过角膜、虹膜及晶状体，最后投影到视网膜的中央凹区附近，视网膜上存在大量锥状感光细胞和杆状感光细胞，感光细胞受到强度不一的光信号刺激后，将产生不同的生物电信号，生物电信号经视神经传递到大脑视觉中枢，大脑视觉中枢神经系统进一步对获取的视觉信号进行处理。大脑视觉中枢内，视觉信号首先到达初级视觉皮层 V1 区，进行方向、视差等基础图像特征的处理，处理后的视觉信号被输入两个并行的视觉分析通路，进行进一步的信息提取。其中，"枕颞通路"从初级视觉皮层 V1 区，经过次级视觉皮层 V2 区、V3 区，到达 V4 区和下颞叶皮层，实现对待测物体的形状、轮廓、色调等信息的分析、检测和辨认；"背侧通路"从初级视觉皮层 V1 区，经过次级视觉皮层 V2 区、V3 区、中颞叶 V5 区，到达后顶叶皮层，实现对待测物体的空间位置和运动信息的识别。人眼同视觉中枢神经系统紧密联系，各司其职、分工协作，共同完成人类视觉系统的信息捕获、认知、检测、评价等复杂任务。

2.3.1 人类视觉感知原理

人类视觉感知特性即人眼感知外界信息时表现出的规律特性，是一个短暂却复杂的过程。在日常生活中，对同一个客观物体的感知可能会因人的观察角度、太阳光线的强弱等变化存在不同的结果。在图像质量评价研究过程中，人们通过对人眼视觉感知特性进行研究，构造合理的数学模型（JND 模型），模拟人眼视觉感知特性分析实验数据，有助于得到客观、合理的图像质量评价结果，提高评价结果的准确性。经过多年研究，人们对人类视觉感知特性的了解越来越深入，图像质量评价领域经常使用的人类视觉感知特性主要包含亮度感知特性、对比敏感度特性、视觉注意力、视觉掩蔽效应（Walther，2006）。

当光线从人眼进入视网膜后，再经过视神经和视交叉进入外膝体，然后到达视觉皮层，经过视觉皮层以及脑部其他区域的进一步处理后，形成了对视频场景的感知结果（Zhang et al.，2005）。人类视觉系统实际的视觉通路和感知机制远比上述过程描述的复杂。根据研究内容的不同，可以把视觉感知研究大致分为三个不同的领域（Henderson and Hollingworth，1999）：低级视觉主要研究的是诸如亮度、纹理和运动等初级视觉信息引起的感知机制；中级视觉关注的是对象形状、空间关系等视觉信息；在高级视觉中，主要涉及对视频场景内容的识别、理解等更高层次的视觉处理。

长期以来，通过对人眼的某些视觉现象的观察并结合视觉生理、心理学方面的研究成果，人们发现人类视觉系统具有很多特性，主要表现为各种视觉掩蔽效应（Limb and Rubinstein，1978）。这些特性直接或间接地与视频和图像信息的处理有关，可以直接或间接地用于改善视频信息的处理。人类视觉感知特性主要包括以下几个方面：

2.3.1.1 亮度感知特性

人眼的基本视觉信息包括亮度、形状、运动、颜色、深度知觉等，视网膜中的感光细胞在它的所有细胞总数中占有最大的比重，这就在生理上决定了亮度是最基本的视觉信息，人眼对其他信息特征的感应也很大程度上基于亮度而来。

亮度感知是人眼对光照强度的感觉量化，人眼具有的自适应调节机制是适应光线强度变化的保证，即人眼通过调节视细胞感光灵敏度来适应不断变化的自然亮度。通过对人眼视觉机理的研究表明，人眼感知的主观亮度并不一定与实际的客观亮度完全相同，相较于人眼的绝对亮度感知能力，人眼的相对亮度感知能力更强，即人类视觉系统对具有一定亮度差的目标物体更敏感。亮度是一种外界辐射的物理量在人们视觉中反映出来的心理物理量，物体的形状主要是由物体在视觉空间上的亮度分布、颜色分布或运动状态的不同而显示出来的。亮度的基本单位是尼特。雪地中的白纸，草地里的蚱蜢，都比较难以被人觉察；相反，雪地上的彩纸，草地上的一朵红花，都比较容易被人发现，这是由于物体形状因亮度、颜色、运动等因素而突显出来，易于为人眼分辨。

人类视觉系统能适应的亮度范围是很大的，从最暗视觉门限约百分之几尼特到最亮炫目极限几百万尼特，人类视觉系统能适应的亮度范围在 10^{10} 数量级上（Cornsweet，1970）。但是，人类视觉系统并不能同时在这么大的范围内工作，它是靠改变它的总体敏感度来实现亮度适应的。人的视觉系统在同一时刻所能区分亮度的具体范围比总的适应范围要小得多。韦伯定律指出，亮度刺激量的差别只有达到一定比例，即只有当图像失真引起的亮度变化量达到一定范围后，人眼才能察觉到亮度变化。由此可知，人眼对图像中视觉焦点与其周围区域的亮度差异比视觉焦点本身更敏感。换言之，视觉感知更容易受到观察目标与其背景之间的局部相对亮度差异的影响，这种差异可以理解为人类视觉系统刚刚可以察觉的变化，即最小可觉差。

2.3.1.2　颜色感知特性

当太阳光的可见光谱中所有频率的光波同时作用到人眼时，视觉将会产生出白光之感。不同波长的可见光波分别作用于人眼时，将会产生彩色感。例如，波长540纳米与580纳米的光分别作用于人眼时，将分别产生出绿色与黄色感。但是，颜色感与波长不仅是单值关系，而且还具有一定的色域，也就是说在一定范围内不同波长的光可以产生出相同的颜色视觉。此外，光谱完全不同的光掺和后，也能使人产生与某一波长对应的相同色感。从生理学上讲，人眼的色彩感是人眼视网膜锥状细胞上具有感受红、绿和蓝（RGB）三原色的感光色素（Nickerson，1976），根据不同的感光色素兴奋程度的不同，而产生出不同的色彩感。色彩还影响着人们的情绪，波长较长的色彩会使人兴奋；反之，波长较短的色彩会令人冷静；近于绿色的色彩则使人感到最舒适。不同的色彩会给人们带来不同的情绪。

2.3.1.3　对比敏感度特性

图像对比度通常指一幅图像的灰度反差大小，即对图像中明暗区域之间不同亮度等级的测量，对比度越大，明暗差异越大。视觉的对比敏感度是人眼对不同图像或图像不同区域差异的敏感程度，通常用来表示人眼分辨能力，被定义为人类视觉系统能觉察的对比度阈值的倒数。对比度阈值是人眼能够察觉到的最小亮度差异值，即最小可觉差，低于对比度阈值的变化无法被人眼感知。一般情况下，对比度阈值低，则对比敏感度高、视觉功能好。通常情况下，人眼更容易被亮度变化大、颜色差异大的图像内容吸引。人眼对观察物体的边缘、轮廓等中频段信息比较敏感，对与周围不同的区域比较敏感，而对平滑区域、高频密集纹理区域这种极低频信息或极高频信息的变化不易察觉。模拟视觉对比敏感度特性可以更好地构建图像质量评价方法，使图像质量评价结果与主观人类视觉感知结果更一致。

2.3.1.4 频率感知特性

（1）空间频率感知特性。

人类视觉系统的空间分辨能力，即视力，通常以可分辨视角的倒数为单位。正常人的最少可辨视觉阈值约 0.5，最大视觉范围 200 度（宽）× 135 度（高）。

空间频率即影像在空间中的变化速度。在单位空间内将亮暗条纹按一定频率规律规则地变化，人眼将观看到黑白顺序排列的条纹，对应着不同频率的条纹图案，视觉的敏感度也不同，这就是视觉的空间频率特性。由于人眼的视力有一个极限值，即人眼的分析能力有限，当空间频率超过一定值后，便感觉不出有亮暗条纹的变化了，看起来成了融合在一起的连续亮光。因此，空间频率特性的截止频率就相当于视力。空间频率的单位用每度视角多少周（Cycles Per Degree，CPD）来表示，表示眼球每转动一度扫过的黑白条纹周期数。对给定的条纹，这个值还与人眼到显示屏的距离有关，对于同样大小的屏幕，离开越远，CPD 越大。

研究表明视觉的空间频率特性具有如下特点（柴豆豆等，2019）：无论是亮暗还是色度空间频率特性都属于带通型，最敏感的在 2~5CPD，空间截止频率为 30CPD，接近视力。在低亮度范围内，随着亮度的提高，截止频率也得到了相应提高。对不同的配色，视觉灵敏度的变化也不一样，截止频率亦有差异。但是，色度的截止频率都比亮暗的截止频率低，且其带宽窄。这样在一定观看距离下，对图像的细节部分，人眼仅能观看到亮度的差异，而观看不出颜色的变化。

（2）时间频率感知特性。

将用作刺激的光束按一定频率规律规则地遮掉，形成亮、灭的闪光，使人产生一闪一闪的闪光感。对应于这种不同频率的闪光，人类视觉的敏感度也不同，这就是人类视觉系统的时间频率特性。由于人有视觉暂留效应，即图像的光信息刺激人眼时，产生出视觉效应，但当图像的光信息不存在时，人的视觉印象并不会立刻消失，原有的图像仍能保留一段短暂的时间，因此，当闪光频率超过一定值后，便感觉不出闪光了，看起来成了融合的连续光。这种引起连续光感的最小频率被称为闪烁临界频率（Critical Flicker Frequency，CFF）或闪光阈值（De Dzn，1954）。视觉的时间频率特性能表示人眼的时间分辨能力。在一般室内光强下，人眼对时间频率的响应近似一个带通滤波器。在较暗的环境下，呈低通特性且 CFF 会降低。

2.3.1.5 视觉注意力

注意是认知过程的重要组成部分，可以实现选择性地将部分信息集中到某个区域并将其余部分忽略，实现局部刺激水平的提高。从日常学习、生活的经验中可以看出，视觉注意力在人类视觉感知特性中占据重要地位，是保证人能够在纷繁的自然场景中实现重要目标区域快速定位、深入分析的关键，也是人眼进行主观质量评价过程中涉及的重要高级感知特性之一（Neyret and Cani，1999）。

注意力按是否存在主观意识参与可以分为两类：一类是自上而下、有意识、有目的地聚焦于特定对象的聚焦式注意力；另一类是自下而上、受外界刺激驱动、无意识地基于显著性的注意力。其中，基于显著性的注意力在图像处理过程中应用更广泛。心理学研究表明，人在同一时间内能感知的对象数量是有限的，当某种物体的某一特性，如颜色、方向、形状等，与周围其他物体具有较大差异时，该显著特征将自动吸引更多的视觉关注。注意力机制模拟了人类视觉系统在不同场景区域受到的不同刺激感受，对注意力机制进行合理利用，可以有效提升图像处理工作的效率，如进行图像内容筛选、目标检索等活动；将注意力机制引入图像质量评价方法，可以更真实地模拟人眼感知图像过程，提高客观图像质量评价结果与主观人类视觉感知结果的一致性，提高图像质量评价性能。

2.3.1.6 视觉掩蔽效应

视觉掩蔽效应指视野中接连出现多个连续的视觉刺激引起的视觉信息

不能被人类视觉系统完全接收，或相邻出现的物体可见度降低的现象，是对视觉刺激之间相互作用的描述。视觉掩蔽效应主要包括以下几种形式：①对比度掩蔽，当多个待测图像具有极其相似的空间频率、亮度、位置、方向等特征时，这些信息容易相互掩盖，使人眼辨析目标的难度增强；②纹理掩蔽，人眼对图像纹理区域的感知能力低于图像平滑区域，图像中的纹理区域越密集、复杂性越高，人眼对纹理区域目标的感知就越困难；③亮度掩蔽，人眼对光线强度的感知范围有限，当人眼接收信息的背景亮度过高或过低时，人眼的视觉敏感性会下降，导致目标对象更不易被察觉，间接导致图像主观质量得分下降；④颜色掩蔽，当待测图像各区域的颜色信息过于相近时，查找各区域间差异目标的任务难度会急剧增大，对图像质量的评分会有负面影响。

此外，视网膜光感受细胞的特点表明，人眼的分辨率有限，仅当失真变化高于某一阈值时才能被人眼捕捉。基于此特性，心理物理学提出了最小可觉差概念，最小可觉差即人类视觉系统刚刚可以察觉的失真变化的临界状态，指出只有某个物体的改变达到一定的程度，才能刺激特定的感受器官发现变化，体现了人类视觉系统的失真敏感度特性与可分辨性。通过对人眼视觉特性的研究可以发现，最小可觉差与人类视觉系统的亮度感知特性、对比度掩盖效应及视觉掩蔽效应密切相关。此外，最小可觉差还受客观观察条件的影响，并反作用于人脑的图像处理过程。因此，基于最小可觉差构造的图像处理模型被认为是最具代表性的面向人类视觉感知的图像处理模型，在图像质量评价领域被广泛应用。

2.3.2 研究现状及其应用

人类视觉感知研究是一个很大的研究领域，涉及神经生理学、认知心理学、计算机视觉、图像处理、模式识别、人工智能等多个学科。视觉研究的成果可以应用到很多方面，如人工智能的机器视觉领域、数字图像处理领域等。对于图像处理领域的工程应用来说，人类视觉系统本身就是一个结构复杂、性能优越的图像系统。其中，图像增强、数字水印、图像编解码等就是颇为广泛的工程应用。

早期人们的通信是以声音和文字为主，这主要是受到传输带宽和容量的限制。然而，随着制造技术和数字化技术的发展，这些限制被不断地突破，多媒体通信已逐渐成为新一代通信技术研究的热点。其中，图像和视频作为最直观的一种媒体，是多媒体通信中最重要的一个组成部分。然而，由于图像的数据量极大，不利于存储和传输，因此压缩编码技术是实现图像通信中不可逾越的一环。早在1940年末人们就开始了这一方面的研究，提出了基于波形的图像编码技术。由于认识的局限和运算能力的限制，图像的压缩比只能达到10~20倍。进入20世纪80年代中后期，相关学科的发展以及新兴学科的出现为图像压缩及编码技术的发展注入了新的活力。特别是Kunt等（1985）提出了利用人眼视觉特性的第二代图像编码技术。该技术以区别于第一代以信息论为理论基础，旨在消除图像数据中线性相关性的一类编码技术。它更强调充分利用人眼的视觉系统的生理特性和心理特性以及信源本身的特性来获得高压缩比和高主观质量。如何充分利用人眼的视觉特性已成为现代编码技术中首先要考虑的一个基本问题。

在人类视觉系统的众多视觉处理机制中，视觉信号的空间对比度感知既是人类视觉系统最为基本的视觉处理机制，也是人类视觉系统感知纹理、对象等空间形状的必要条件。空间对比敏感度（Spatial Contrast Sensitivity）表征了人类视觉系统对视觉信号的敏感程度，定义为观察者能检测出测试激励的最小对比度值的倒数，它会受视觉信号的空间频率因素影响。此外，当视觉信号运动时，其时间域频率也会对对比敏感度产生影响（Kelly，1977）。视觉信号不同频率导致的对比敏感度变化被称为视觉敏感度感知机制。人类视觉系统的另一个重要的感知机制为视觉掩蔽效应（Visual Masking Effect）（Legge and Foley，1980），是指另一个视觉信号的存在会降低人类视觉系统对目标视觉信号的敏感度，如纹理复杂的图像区域相对于纹理简单的图像区域对视觉信号失真具有更强的掩盖能力。

在观察视频场景时，人眼会快速地、选择性地关注感兴趣的视频场景内容或者对象，这种现象称之为人类视觉系统的视觉注意力。在视觉感知研究领域中，研究人员对视觉注意力的工作机制进行了深入的分析和探讨，取得了大量的研究成果。1890年，James首次提出了人类视觉注意力的理论（James，1890）。视觉注意力具有两种不同的工作方式：一种是自底向上（Bottom-UP）、外部激励驱动的处理过程，属于低级视觉研究范围；另一种是自上而下（Top-Down）、任务驱动的处理过程，主要涉及高级视觉研究范围。开发有效的可计算视觉注意力模型是可计算神经科学研究领域重要的任务之一（Itti and Koch，2001）。Koch 和 Ullman（1985）对视觉注意力中的选择和转移工作机制进行了开创性的研究，提出了可计算视觉注意力模型的框架。在他们的研究基础上，Itti 等（1998）提出了一种可计算的视觉注意力模型对视频场景进行分析。该模型通过提取图像中的亮度、颜色和方向等空间域特征，采用交叉尺度的特征融合和迭代规则化方法来获得视觉显著性图。Le Meur 等（2006）也提出了一种自底向上的可计算视觉注意模型，除了亮度、颜色等常见的初级视觉特征外，还考虑了对比度敏感函数（Contrast Sensitivity Function，CSF）、视觉掩蔽效应等视觉感知机制。上述模型并没有考虑时间域的视觉特征，因此当视频场景中包含运动信息时，它们的分析性能将受到影响。通过对视频图像中每个区域的运动强度、运动在空间和时间上的一致性等特征的提取和融合，Ma 和 Zhang（2002）提出了基于运动信息的视觉注意力模型。

图像质量主观评价方法指的是人作为实验中信息的最终受体，通过对图像的表现内容、扭曲程度、模糊水平进行直接观察，进而对图像质量的优劣做出综合性主观定性评价。图像质量主观评价是通过人类视觉系统做出的质量评价，符合人类视觉感知。但是，为了保证图像质量主观评价在统计上是有意义的，主观评价的组织者需要组织大量的观察者，观察者在特定的观察环境中按照特定的评价规则对图像进行评分，分数高低代表图像质量的好坏。组织者进一步对获取的全部图像质量主观评价分数进行异常值剔除、均值化等科学操作，获取最终的、科学的主观图像质量分数。人类视觉系统表明，人是视觉信息的最终接受者，所以图像质量主观评价能够最真实地反映人对图像的视觉感知，被认为是最可靠、最有效的图像质量评价方法，但主观图像质量评价过程需要组织大量的观察人员、购买专业的评价设备，整体过程费力耗时、成本高昂，因而无法得到大范围的推广，通常仅在制作图像质量评价的数据集过程中使用。也就是说，因为成本太大，绝大多数的合成图像或生成图像无法使用主观评价。

然而，主观评价结果作为衡量客观评价结果是否合理、是否符合人类视觉感知的重要依据，仍然具有重要的研究价值。主观评价方法按是否存在对比图像信息可分为两种：绝对评价和相对评价。绝对评价即观察者根据自身具备的知识、按照某些特定评价性能对单张图像质量的绝对好坏进行评价，不涉及其他图像的信息，得到的结果是一个直接的图像质量评价值。相对评价即先给评价者一组待评价图像，评价者对其进行观察、相互比较，对比判断出不同图像在此图像组中的质量优劣顺序，观察者再按质量优劣排序结果得出图像质量分数。国际上常用的主观绝对评价尺度为"全优度尺度"，主观相对评价尺度为"群优度尺度"，图像分数越高表示图像质量越高、图像失真程度越小，对人观看图像的影响程度越小。

为了便于对纹理信息进行描述，Mancas 等（2006）提出了一种基于空间域视觉特征的视觉注意力模型。Li 和 Wang（2007）在他们提出的视频质量评估算法中，采用了一种运动感知模型改善对主观视频质量的预测效果。López 等（2006）提出了一种动态视觉注意方法，在视频监控时能更有效地定位感兴趣的对象。为了能够在小屏幕显示设备上，自适应地播放各种尺寸大小的视频内容，Cheng 等（2007）采用基于亮度、颜色对比度和运动信息的方法计算视觉显著性图，以便为后续感兴趣的区域定位和视频内容重组。Hou 和 Zhang（2007）提出了一种基于傅立叶变换的剩余谱（Spectral Residual）算法，能简单而快速地得到图像的视觉显著图。同时，Guo 等（2008）提出了一种基于傅立叶变换相位谱（PFT）的算法，能简单而快速地得到图像的视觉显著图；并且 PFT 算法能够容易地从二维傅立叶变换扩展到四维傅立叶变换，进而得到适用于时空（视频）显著性分析的 PQFT 算法。结合视觉感知分析的视频处理方法，在上述应用领域都取得了丰硕的研究成果，而且人眼视觉系统特性的引入将更好地指引视频处理技术的发展。

半参考图像质量评价又被称为部分参考图像质量评价，它仅使用原始参考图像的一部分图像信息就可对待测图像的质量进行分析，获取图像质量评价结果。半参考图像质量评价方法被广泛应用于多媒体通信行业，在保证视觉信息通信顺畅运行过程中起到了重要作用，可以执行如数据信息流的传输控制、图像质量的监测等任务。半参考图像质量评价首先需要按照一定原则对原始参考图像进行特征提取，其次按照相同原则对待测失真图像进行特征提取，最后通过对比两种图像的相同特征之间的差异对待评价失真图像打分。因此，半参考图像质量评价效果优劣的根本在于是否可以获取一个能够充分代表待测图像质量的特征，此特征不仅需要有效代表图像信息、对图像失真极度敏感，更需要符合人类视觉感知。目前常用的半参考图像质量评价方法主要有两类，分别为基于图像特征抽取的半参考图像质量评价方法和基于数字水印的半参考图像质量评价方法。基于图像特征抽取的半参考图像质量评价方法一般通过对图像进行时频变换来保证图像特征的充分性与高效性，如基于子带分解的半参考图像质量评价方法、基于小波变换（Wavelet Transform）的半参考图像质量评价方法、基于 Contourlet 变换的半参考图像质量评价方法和基于多尺度几何分析（Multiscale Geometric Analysis，MGA）的半参考图像质量评价方法。基于数字水印的半参考图像质量评价方法将数字水印与待测图像作为一个整体进行研究，按照数字水印嵌入方式的区别可分为鲁棒水印和脆弱水印。半参考图像质量评价方法降低了全参考图像质量评价方法的数据量和计算复杂度，图像质量评价过程中所需信息更易获取，相比全参考图像质量评价更方便、高效、灵活。

基于人类视觉感知的无参考图像质量评价方法更符合图像质量评价研究目标，具有更准确的评价结果和更广泛的适用性，近年来备受关注。Xue 等（2013）提出了利用失真图像局部块质量相关聚类模型（Quality-Aware Clustering，QAC），模型获取的图像质量分数与人类感知的图像质量结果呈线性相关。随着卷积神经网络在计算机视觉任务中的成功应用，学者开始将卷积神经网络用于挖掘、模拟人类视觉系统特性。RankIQA 利用孪生神经网络（Siamese Neural Network）训练图像质量评价模型获取图像质量评分；利用卷积神经网络获取图像质量评价数据集中数据的分布规律、学习人眼相关认知特性，此算法的准确性甚至优于当时主流的全参考质量评价算法。Hallucinated-IQA 是一种图像质量评价模型，模型依靠待测失真图像生成一个假参考图像，结合失真图像和假参考图像的信息获得图像质量分数。Chen 等（2020）受到了大脑自由能理论中人类视觉系统倾向于降低观察信息的不确定性，并在感知失真图像时能够修复感知细节的启发，提出了恢复性对抗网络（Restorative Adversarial Net，RAN）。2019

年，首次将多个人类精神物理特性同时引入图像质量评价网络中的基于人类视觉系统启发的深度图像质量评价网络模型（HVS-inspired Deep IQA Network，Deep HVS-IQA Net）被 Seo 等（2019）提出。之后，Su 等（2020）提出的自适应 IQA 模型通过分析图像质量预测与图像内容理解来模拟人类视觉、感知图像质量，此方法提出了多个质量指标，实现了图像内容的针对性提取。目前，面向人类视觉感知的客观图像质量评价仍是计算机视觉领域的研究热点，研究与人眼感知保持高度一致的图像质量评价方法具有极强的学术价值与实用价值，并对 GAN 生成图像质量客观评价方法的研究提供了指导。

2.4　视觉显著性检测理论

2.4.1　显著性检测理论

自 1998 年 Itti 等提出第一个具有里程碑意义的视觉显著性计算模型至今，显著性目标检测（SOD）吸引了研究人员的广泛关注并取得了令人瞩目的进展和成果。下面通过一些代表性方法简要地展示了显著性检测领域的发展历程。

SOD 方法的发展主要可以概括为四个阶段：

（1）提出视觉显著性计算模型。

根据认知心理学和特征集成理论的研究建立了第一个视觉注意力的计算模型，模型通过对图像的低层特征，即颜色、强度和方向的多尺度分析，再经过衡量中心—周围的差异（Center-Surround Difference）和特征归一化获取多尺度的特征图，然后融合特征图来得到最终的显著图。该计算模型提出的多特征融合策略、多尺度分析机制对早期显著性的研究产生了重要的影响，并引起了人们高度的兴趣，如模拟生物学机制提升模型性能、基于视觉显著性的信息论模型和基于域频谱分析的谱残差模型等，为 SOD 任务奠定了基础。然而，这些研究主要是对视觉注意点的转移和分布进行预测，无法描述显著性目标的整体信息。

（2）明确定义显著性目标检测。

2007 年，通过将显著性区域完整分割为前景和背景区域的方式，Liu 等（2007）将视觉显著性检测明确地定义为 SOD 任务，即显著性检测任务从对显著性目标位置的预测过渡到对显著性目标整个区域的检测，实现了对目标语义信息的关注。此外，检测结果由灰度图表示，灰度值越大表示该像素位置是显著性目标的概率越大。值得注意的是，该方法中的 SOD 任务定义一直沿用至今，此后传统的 SOD 进入了快速发展的第二个阶段。在第二个阶段中，涌现了大量优秀的 SOD 算法，比如基于全局对比度、图模型、稀疏表示和先验信息的方法。

（3）基于卷积神经网络（CNN）的方法研究。

大数据时代的到来和计算机技术的发展，为深度学习方法在处理大规模数据的建模和学习中提供了强有力的支撑，也为显著性目标高精度的检测带来了新的见解和启发。随着用于 SOD 的大规模数据集和基于 CNN 的 SOD 模型的相继发布和构建，基于 CNN 的检测算法在准确率和速度方面均得到了质的提升，SOD 任务迎来了第三个重要的发展阶段。在该阶段中，早期主要采用多层感知机（Multi-layer Perceptron，MLP）来构建从图像的局部单元或对象提议进行学习的网络模型。为改善基于多层感知结构的方法因预处理局部单元或生成对象带来的不确定性生成结果和额外的计算复杂度，全卷积网络（Fully Convolutional Network，FCN）被用来构建端到端逐像素的显著性预测模型，并迅速成为 SOD 第三个发展阶段中的主流网络结构。

（4）基于 Transformer 的方法研究。

Transformer 最早提出以取代机器翻译任务中流行的循环神经网络（Recurrent Neural Networks，RNN），并迅速在自然语言处理（Natural Language Processing，NLP）领域中活跃起来。得益于自注意力机制的动态权重和全局感受野，Transformer 相较于基于 CNN 的模型，更擅长捕获远程依赖关系并提供全局表示。将纯 Transformer 结构应用于计算机视觉图像分类的工作，则纯 Transformer 结构可直接将具有位置编码的图像块序列作为输入以探索分类任务的空间相关性。2021 年，第一次从无卷积的序列到序列的角度重新思考显著性检测任务，并通过纯 Transformer 对长距离的依赖关系进行建模来预测显著性目标。由于 Transformer 在建模远程依赖关系上的天然优势，目前基于各种 Transformer 模型的显著性检测方法逐渐涌现，在获得最新 SOD 性能的同时，也开启了 SOD 发展的第四个阶段。

以上四个阶段概述了 SOD 从第一个模型提出到发展至今的重要时间节点和典型检测方法。接下来，本部分将从 SOD 理论的两个主流研究及其发展来论述：一是基于传统算法的显著性检测；二是结合深度学习的显著性检测，包括基于 CNN 的 SOD 和基于 Transformer 的 SOD，并对相关的典型显著性检测模型进行概述。

图像通常由目标和背景组成，而图像分类首先需要识别出图像目标，再根据目标所属类别进行分类。显著性检测利用计算机模仿视觉具有的分辨能力，判断出图像中哪些区域是最引人注意的，从而帮助研究人员剔除图像背景信息，提取图像目标区域。因此，基于视觉注意力机制的图像显著性检测对于图像内容的理解和表达有着重要的意义。图像显著区域检测方法根据处理空间不同通常分为两类：一类是基于空间域的显著性检测方法；另一类是基于频率域的显著性检测方法。

Itti 等（1998）通过模拟生物视觉机制首次提出基于空间域的显著性检测模型。Itti 模型首先构建多尺度图像金字塔，其次在不同尺度下，提取颜色、亮度和方向等特征，最后计算中心像素点与周围像素点的对比值从而生成显著图。基于图的显著性检测（Graph-Based Visual Saliency，GBVS）方法在特征提取部分与 Itti 方法类似，但在生成显著图的过程中引入了马尔科夫链（宋素华、喻高航，2022），通过纯数学计算方法获得图像像素显著值。Achanta 等（2008）在空间域中采用局部对比度进行显著性检测，首先将图像块或者像素点在不同尺度下与相邻区域进行局部对比，然后将多尺度图像区域的显著值相加获得图像区域的最终显著值。基于直方图对比度（Histogram-based Contrast，HC）的显著性检测方法获得某个像素的显著值是通过计算该像素与图像中其余像素的差值，然后生成直方图统计。

基于频率域的显著性检测最具代表性的方法是谱残差（Spectral Residual，SR）显著性检测方法（陈霄等，2017），从信息论的角度对图像进行分析，认为图像内容信息由先验知识和目标区域信息组成，因此通过从图像对数谱中减去先验知识信息，便可得到目标区域的对数谱，再通过傅立叶逆变换即可得到显著图。频率调谐（Frequency-tuned，FT）显著性检测方法也是一种基于频域空间的显著性检测方法，该方法在 Lab 空间通过计算图像中每个像素点颜色和亮度的特征值与图像平均值的欧式距离来获得像素点的显著值。基于频率域的显著性检测方法原理简单、计算复杂度小，而且相比于 SR 显著性检测方法，FT 显著性检测方法在计算时间相差不多的情况下检测效果更好。

2.4.2　基于传统算法的显著性检测

根据在显著性检测中算法处理的基本单元（即均匀采样的图像块和超像素生成的图像区域）和显著性建模的线索来源（即包含颜色、强度或纹理等图像自身属性的内在线索和具有深度图、光场信息或图像统计信息的外在线索），将传统的 SOD 算法主要分为四类，即结合内在线索基于图像块的方法、结合内在线索基于图像区域的方法、基于图像外在信息建模的方法、基于稀疏表示的方法。

（1）结合内在线索基于图像块的方法。

在属于结合内在线索基于图像块的方法中，多数的工作通过对图像基本属性的计算将视觉显著性建模为像素级的中心—周围对比度（Center-Surround Contrast）。首先，将经过极坐标变换的图像特征映射到一维子空间；其次，采用广义主成分分析处理；最后，显著性的估计由特征对比度和几何特性计算得到。综合评估视觉显著性的框架中显著性图的生成通过弯曲度、颜色增益和中心聚类的线性组合计算得到。通过一定规则统计原始图像和高斯模糊图的平均像素值，提出了一种用于显著性检测的频率调谐模型。将中心—周围对比度建模为成本敏感（Cost-Sensitive）的分类问题，中心图像块的显著性由与周围图像块经过支持向量机（Support Vector Machine，SVM）处理后的可分离程度决定。根据在高维特征空间中，独特的（即属于显著的）图像块往往比非独特的图像块具有更广分布的观察，提出了一种通过度量图像块与平均图像块的特征距离来衡量图像块的显著性。通常这些利用内在线索基于图像像素或块的算法有两个不足：一是高对比度一般出现在目标边缘而不是整个目标区域；二是当基于图像块作为计算单元时，对显著目标的边缘预测影响较大。

（2）结合内在线索基于图像区域的方法。

为克服结合内在线索基于图像像素或块算法的不足并达到生成全分辨率显著图的目的，基于区域的显著性检测方法随着超像素或图像分割算法的发展而得到了深入的研究。这些结合内在线索基于图像区域的方法可以分为四个类别，即基于全局区域对比度的方法、多尺度局部区域对比度的方法、基于背景性（Backgroundness）先验的方法和基于对象性（Objectness）先验的方法。①在基于全局区域对比度的方法中，Cheng 等（2015）提出了一种基于全局对比度的显著性检测方法，通过计算分割生成的图像区域与其他所有图像区域的全局对比，为具有大的整体对比度区域分配较高的显著性分数。通过将显著性计算规则定义为生成图像区域之间颜色的欧式距离，一种基于高效过滤技术的全局对比度评估算法被提出。为缓解超像素算法生成区域的硬性判别边界，提出了一种计算显著性的软抽象（Soft Abstraction）算法，利用直方图量化和高斯混合模型（Gaussian Mixture Model，GMM）生成一组大尺度的感知同质区域，从而获取更统一的显著性区域。②在多尺度局部区域对比度的方法中，早期的尝试是计算多个图像区域的对比度，再将这些区域显著性结合起来生成一个像素级的显著性图。在显著性的评估规则方面，借鉴了类似的局部区域对比度思想，并利用多层次分割来进一步优化对具有不同尺度显著目标的评估。为进一步增加对区域内部一致性的表示和区域间的可分性，将多尺度聚类生成的区域作为顶点、区域间关系作为边来构建图模型，并通过评估顶点和边的显著性来生成显著性图。③在基于背景先验的方法中，通常将图像中的狭窄边界当作背景区域（伪背景），区域的显著性可以计算为其与伪背景的对比性和相似度。根据区域背景中边界和连通性先验，提出了一种容易解释、高效的测地线（Geodesic）显著性检测方法。此外，基于无向加权图的流形排序，人们提出了一种两阶段的目标显著性计算框架。第一阶段根据与伪背景的计算相关性分配区域的显著性值，第二阶段通过计算与初始前景区域的相关性以进一步细化得到的显著性值。④在基于对象性先验的方法中，通常利用目标提议来进一步约束和改善显著性检测。通过结合对象性和图区域显著性，提出了一种图模型计算框架，其中显著性的评估是通过迭代最小化对象性和区域相互交互的能量函数获得。根据对象性先验，通过将生成的区域与"软"前景和背景的特征相似度对比来评估每个区域的显著性。

（3）基于图像外在信息建模的方法。

与利用图像内在信息的策略不同，基于图像外在信息建模的显著性检测方法侧重于采用外部信息来辅助感知图像中的显著对象。这类方法主要可以分为两类，即利用图像相似性的显著性检测和共显著性目标检测。①在利用图像相似性的显著性检测方法中，检测方法是依据视觉上与输入图像相似的图像来检测显著性目标。具体地，给定输入图像后，从大量图像中检索出视觉上相似的图像，然后通过测试相似图像可以辅助输入图像的显著性检测。典型地，建议学习特定的图像而不是通过计算相关权重来生成显著图，为此，显著图的条件随机场（Conditional Random Fields，CRF）聚合模型仅在检索到的相似性图像上训练，以强调聚合对单图像的依赖性。根据属于显著性的图像块从相似图像中被采用的概率较低的发现（或者说图像块在从相似性图像提取的一系列块中是稀少或唯一的，那么该块具有较高的显著性），提出了一种将显著性评估作为抽样问题的概率计算。②在共显著性目标检测中，检测方法的任务目标是从一组输入图像中通过视觉外观的一致性发现共有的共显著性目标，而不是在单张图像上发现显著性。将共显著性定义为图像间的对应关系（即相似的区域应该被赋值更高的显著性），提出通过利用多图之间的额外重复属性来衡量显著性。结合在单图上全局对比度和多图中相似性线索，实现了基于聚类的共显著检测算法。

（4）基于稀疏表示的方法。

作为一种高效处理信息的技术，稀疏表示理论被广泛应用于各种计算机视觉任务，如图像超分辨率、图像分类、图像复原、事件检测、动作识别和面部识别等。由于其优秀的数据建模和表示能力，该理论也被广泛应用于显著性检测领域。在基于稀疏表示的方法中，通常需要先构建一个过完备字典（Over-Complete Dictionary），通过字典用输入图像进行稀疏表示后，再根据稀疏系数或重建误差来度量目标显著性。根据稀疏编码长度与局部密集程度相关、残差和不确定性相关的观察，基于稀疏表示将输入图像分解为编码与残差，通过稀疏表示的长度定义图像显著性。根据区域密集度、连续性和中心偏差三种视觉显著性线索，提出了一种基于概率计算的显著性检测方法，其中学习注视区块获得稀疏编码表示，并通过高斯混合模型来建立显著性预测映射。稀疏字典的构建通过对当前输入图像的每个位置采样的图像块进行独立成分分析（Independent Component Analysis，ICA）来学习得到，并使用重构误差测量显著性。利用中心块周围的图像块对其进行稀疏表示，显著性由编码长度或残差进行计算。这些方法通常分配目标边界更高的显著性得分，因为背景和前景都包含在字典中。后来，基于背景先验的假设，将图像边界附近区域的块或超像素作为背景样本，构建全局背景字典来稀疏地重建图像。近期提出一种基于两阶段图模型的 SOD 方法，其中建立联合鲁棒稀疏表示模型用以同时考虑图节点间相邻空间的一致性和区域空间一致性。

2.4.3　基于卷积神经网络的显著性检测

众多的实际应用需求、海量的视觉数据和大规模的计算资源促进了深度学习的快速发展，尤其是应用于计算机视觉任务的 CNN 模型。由于 CNN 具有多层次特征提取、局部视野感知和权重共享等诸多优良特性，其也被引入 SOD 领域并得到了深入的研究。本部分将基于 CNN 的 SOD 模型概况分为两个方面，即自然场景图像的 SOD 模型和多模态场景的 SOD 模型。

2.4.3.1　自然场景图像的显著性目标检测模型

（1）基于多层感知结构的方法。

受基于图像块或分割区域的传统显著性检测方法启发，基于 MLP 的显著性检测方法通常以超像素、图像块或通用目标提议为深层特征提取的基本单元，并训练 MLP 结构实现图像显著性的预测。在基于超像素或图像块的方法中，基于超像素 CNN 模型（SuperCNN）用于显著性检测，首先为每个生成的超像素构造两个手工设计的输入特征序列，其次将经过两个卷积神经网络处理的多尺度特征融合后获取最终的显著图。多尺度卷积神经网络模型首先采用预训练的图像分类网络提取多尺度的特征，其次多层感知结构用于回归显著性，最后融合三个尺度的预测得到显著图。此外，利用网络结构从两个大小不同的超像素中心窗口中提取局部和全局特征，然后将这些窗口内的特征利用多层感知结构进行前景或背景分类，并最终融合得到显著图。

在基于通用目标提议的方法中，通过整合局部估计和全局搜索提出了一种显著性检测算法，其中在全局搜索阶段，局部、全局对比度和几何信息被整合为全局特征来描述一组目标候选区域，然后利用多层感知结构预测区域的显著性。网络模型首先生成区域提议，然后使用卷积神经网络将每个区域提议分类到具有预定义的形状类别中，最终的显著图是对所有提议生成二值图的平均。通过以上总结可以看出，基于多层感知结构的显著性检测模型在网络最后采用的全连接层会引起深层特征的空间信息丢失，这不利于显著图的准确预测。

（2）基于全卷积网络的方法。

受 FCN 在语义分割任务上取得卓越性能的启发，目前绝大多数显著性检测方法均基于流行的全卷积网络主干网络来设计模型。这些基于全卷积网络结构的方法优势是可进行端到端的深层特征训练，并在单一的前馈传输中预测像素级、全分辨率的显著图。本部分将主流、典型的基于全卷积网络的显著性检测方法概括为三类，即常规结构网络、侧向特征融合网络和 U 型结构网络。

在常规结构的网络模型中，输入图像通过一个或多个由卷积层、池化层和激活层顺序级联组成的网络提取深层特征后直接用于显著性预测。一个基于递归全卷积网络的显著性检测模型能够结合显著性先验知识并通过循环不断地细化来获得更加准确的推理结果，整个框架可以看成单一、级联的网络结构。为改善显著图模糊和边界不准确的情况，一种深度水平集网络被提出，首先在网络的首层设置了超像素引导滤波，其次采用水平集损失函数用于网络监督，以便传播显著性信息并生成全分辨率显著图。一种基于多阶段特征细化机制和金字塔融合模块的逐阶段显著性检测模型，其中多阶段细化机制将对象级语义与低级图像特征相结合，提出的金字塔池层允许网络利用全局上下文信息。通过采用简单的编码器—解码器结构来预测显著图，其中引入了重新设计的 Dropout 来学习特征单元的不确定性，并在解码阶段采用了混合采样策略来减少反卷积算子产生的伪影。

在采用侧向特征融合的网络中，侧向融合网络利用全卷积网络固有的多尺度表示，将多层次特征响应进行融合以进行显著性预测。与直接将损失层连接到显著性预测每个阶段的最后一层不同，侧向融合网络在较浅和较深的侧输出层之间添加了一系列短连接。通过这些短连接，每个侧向输出层的预测都能学习强调显著目标整体的能力。考虑到侧向输出的多层特征中，具有大分辨率的低级特征对性能的贡献较小，并且需要更多的计算资源，设计了一种级联部分解码器（Cascaded Partial Decoder）网络结构，其直接利用初始生成的显著图来细化主干网络特征。为提高网络对目标边缘的关注并细化边缘的预测，一种边缘引导的显著性检测网络首先采用渐进式融合策略提取目标特征，其次集成边缘信息和全局位置信息以感知显著目标边缘，最后在边缘特征引导下进行侧向输出的融合。为缓解目标的可变尺度和未知类别对精确预测结果的影响，可以利用聚合交互模块来集成具有相似分辨率的侧向特征，并利用自交互模块挖掘多尺度信息，最后使用一致性增强损失（Consistency-Enhanced Loss，CEL）提高显著性区域的一致性。

在具有 U 型结构的编码—解码结构中，模型通过自下而上和自上而下的设计结构逐层提取、融合多尺度特征并逐渐细化显著性预测，最后在最顶层生成显著图。设计了一种交互式双流解码器结构来建立显著性、目标轮廓及其相关性，该结构包括一个显著性分支和一个目标轮廓检测，并通过中间连接来强制学习两个分支特征的相关性，最后在自适应轮廓损失的监督下提高困难样本边缘的可区分性。针对目前的方法只学习显著性目标的上下文信息，其不足以为复杂场景中的显著性推理建模高级语义关联，一种上下文感知学习方法明确地提出利用语义场景上下文，其设计的语义上下文细化模块用于增强对显著对象的上下文学习，提出的上下文实例转换器用于学习对象和周围环境的上下文关系。为提高生成显著的边界质量，提出了一种边界感知的预测优化框架，该架构由密集监督的编码—解码器网络和残差细化模块组成，分别负责显著性预测和显著图细化。

（3）基于非监督或弱监督的方法。

为减轻基于全监督的 SOD 模型对像素级标签的严重依赖并降低手工制作数据集的时间和精力，SOD 领域的一些工作致力于利用非监督或弱监督技术实现显著性预测。本部分简要回顾基于非监督或弱监督的 SOD 算法。

根据图像中显著性目标应与图像类别标签所在位置保持一致的假设，基于图像级标签的显著性检测模型提出了一种前景推理和 CNN 联合训练的策略，提高了对不可预见类别的前景检测。一种多阶段的基于图像级标签的显著性检测模型中首先将类别标签作为前景区域的监督信息，得到图像的初始前景目标图，其次通过 CRF 迭代训练逐阶段细化生成的显著性图。与基于稀疏表示的方法类似，将显著性检测建模为噪声的发现，并提出了由一个潜在的显著性预测模块和一个明确的噪声建模模型组成的显著性学习框架，其将无监督检测方法生成的显著性结果作为模型带噪声的监督信息。为了利用多种监督信号源内在的互补信息，一个分类网络和标题生成网络通过注意力转移损失训练整个网络。在最近的工作中，一种将涂鸦标注图、图像强度图和目标边缘图作为弱监督输入的显著性检测模型被提出，其中涂鸦标注图是通过涂鸦重新标注的显著性数据集得到。该方法的提出填补了从全像素标注过渡到图像级标注中可用监督信息过于稀少的空缺。为缓解多个输入源的需求，并使基于涂鸦监督的模型更容易训练，一种基于图像特征和像素距离的局部相关损失实现了一轮端到端的弱监督模型训练。此外，一种基于显著性边界框的弱监督模型首先利用无监督显著性检测方法生成的显著图作为伪标签，其次通过学习任务细化网络来迭代优化初始伪标签，最后生成的最终伪标签用于监督训练。

此外，在基于手工设计特征的传统检测方法中，将图像内容的颜色信息分析应用于遥感图像，通过计算每个颜色通道的相对显著性分数并融合颜色分量以获得最终显著性结果。随后，一种基于多光谱图像聚类和全色图像共现直方图（Co-occurrence Histogram）的显著性分析模型被提出。在同期的另一个工作中，一种结合超像素分析和特征统计的显著性检测方法被提出。为综合考虑遥感图像中颜色、强度、纹理和全局对比度对目标显著性的贡献，设计了一种多特征自适应融合的显著性检测方法。此外，在基于目标显著性分析的遥感特定场景或任务中，提出了一种用于高分辨率遥感图像显著性引导的建筑物变化检测方法，其中从差异图像提取的显著性区域用于生成伪训练集。针对机场区域的检测，一种由粗到细具有分层架构的显著性计算模型在粗层中通过结合对比度和线密度建立了一个面向目标的显著性模型。

在基于 CNN 的深度学习方法中，根据多尺度的侧向输出特征构建了一个由 L 形模块（即双分支的金字塔模块）和 V 形模块（具有嵌套连接的编解码模块）构成的端到端的显著性预测网络，并提出了用于光学遥感影像 SOD 的第一个大规模数据集，命名为 ORSSD。随后一种并行向下融合网络模型充分利用特征流路径内低、高级特征以及交叉路径多分辨率特征来区分不同尺度的显著物体。通过扩充 ORSSD 数据集发布了一个更大规模、更具挑战性的数据集，命名为 EORSSD。同时，通过探索多层次注意力线索内在关系和融合方式，提出了一种结合全局注意力机制的显著性检测模型。此后，基于这两个发布的数据集，越来越多的工作致力于光学遥感影像 SOD。为细化显著目标的边缘，一个边缘感知的多尺度特征集成网络被提出，通过在显著目标边缘线索的显式和隐式辅助下进行多尺度特征集成来实现显著性检测。类似地，基于多层次区域和边界信息提出了一种双向特征转换的联合学习方案，以同时优化边界和区域特征。综合考虑了前景特征、边缘特征、背景特征和全局图像级特征，提出一种多内容互补网络模型，并通过注意力机制感知不同尺度的显著性目标。

2.4.3.2 多模态场景的显著性检测模型

多源传感器技术的发展和设备的普及，使人们除了通过颜色感知场景外还提供了如深度（Depth）、热红外（Thermal Infrared）等目标多模态的视角感知。因此，多模态的场景数据能进一步助力复杂场景中显著性目标的精确检测。本部分根据多模态数据类别将多模态场景的 SOD 分为用于 RGB-D 的 SOD 模型和用于 RGB-T 的 SOD 模型。

（1）用于 RGB-D 的显著性目标检测模型。

在用于 RGB-D 数据的传统 SOD 方法中，将 RGB 图像信息与相应的深度线索同时序列化为四个通道，作为提出的多阶段显著性检测模型的输入。同时考虑了特征的细粒度全局结构和粗粒度局部细节，并提出使用各向异性的中心差异来衡量深度线索的重要性。基于在一个角度方向上围绕背景的物体呈现独特的结构并具有较高的显著性观察，提出了一个由局部背景包围捕获 RGB-D 的显著性特征。这些基于手工设计特征的方法主要是以深度线索的对比度作为特征分量并采用加权融合的方式来生成最终的显著图，但是生成显著图的质量不能令人满意。

在基于 CNN 的方法中，得益于深度学习强大的特征提取与学习能力，用于 RGB-D 显著检测的模型性能获得了大幅提升。采用后期融合策略，使用 CNN 框架将不同的低级显著性线索融合到层次特征中的方法，以便有效地从 RGB-D 图像中定位显著区域。通过将更全面的深度线索作为设计模型的输入，并通过集成 RGB 特征和深度特征的分支输出生成最终显著图。将深度特征作为 RGB 主流特征的信息补充，基于编码、解码结构设计了以 RGB 图像为主要信息源的特征提取网络结构，其中辅助网络得到的深度特征直接融入 RGB 流以进行显著性目标预测。显著性检测模型提出了两种不同的 RGB 特征与深度特征集成方式，即视图融合和交叉视图转移融合方式。在近期的工作中，通过设计的金字塔结构将深度线索与 RGB 特征集成在一起。为缓解显著性检测研究在真实人类活动场景中的不足，通过深度净化器单元（Depth Depurator Units）和特征学习模块提出了一种简单的基线架构。为了有区别地处理不同来源的信息并捕捉跨模态特征的连续性，采用孪生结构和编解码器策略的特征转换网络被提出。此外，一些作者还采用了联合学习策略、双边注意和条件变分自动编码器等方案和策略来解决 RGB-D 的显著性检测。

（2）用于 RGB-T 的显著性目标检测模型。

在用于 RGB-T 数据的传统 SOD 方法中，多以基于图论的技术构建用于 RGB-T 数据的 SOD 算法。其构建了第一个被称作 VT821 的 RGB-T 显著性检测的数据集，并提出了具有跨模态一致性的多任务流形排序方法。随后一种多尺度流形排序方法融合多模态特征引入中间变量来推断最佳排序种子。在此工作上，首先构建了一个更具规模的 RGB-T 数据集，即 VT1000，并提出了一种基于协同图模型的学习算法，以超像素为基本单元构建图模型，采用协同的方式来学习图的亲和度和图节点的显著性。

在基于 CNN 的 SOD 方法中，通过提出的相邻深度特征组合模块、多分支融合模块和注意力引导的信息传递模块，构建了一个端到端的融合网络。相似地，通过提出上下文引导的交叉融合模块来建立图像和热红外信息的互补性，提出了一个上下文引导的逐层细化网络，并为 RGB-T 数据的 SOD 建立了一个两阶段的网络。其中，第一个阶段融合和统一局部区域内的多模态信息，第二个阶段采用提出的双边辅助融合模块挖掘空间特征。

此外，随着 Transformer 在 NLP 领域取得的突破性进展，越来越多的计算机视觉任务被引入 Transformer 并取得了显著的效果。在这些方法中，为使 Transformer 能够有效处理视觉任务典型的数据结构（即空间相关性）并适应密集视觉预测的任务，研究人员基于 Transformer 开发了许多变体网络主干。相似地，一些 SOD 任务也引入了 Transformer 结构，以进一步增强检测性能。基于 T2T 模型提出了一种新颖的 Token 上采样方法和一种用于 RGB 和 RGB-D 显著性检测的多任务注意力机制。一种将深度监督的实用性扩展到 Transformer 的架构被提出，并开发了多尺度特征和多阶段特征聚合模块以学习不同阶段的显著性区域。为在解码过程中保持较少的噪声注入，基于 ViT 提出了一种解码器设计来密集解码特征并逐渐上采样以完成显著图预测。一种基于混合网络的显著性检测双边网络被提出，使用 CNN 和 Transformer 分别学习局部细节信息和全局语义信息。

2.5　并行计算理论

并行计算也可以被称为高性能计算，是计算机技术在实际应用领域的一个重要研究方向。并行计算的主要途径是将串行执行的任务按照无依赖的任务分割方式划分到不同执行部件或者处理器上执行，从而达到加快程序执行速度的目的，如图 2-1 所示。并行计算是快速完成计算任务的主要途径之一，其基本流程是：首先，将需要解决的问题进行建模，以数值计算的方式将计算问题表达出来；其次，对于建模完成的数值任务，需要分析其中存在的各种依赖并根据选用的并行编程语言设计对应的计算任务划分策略；最后，不同的并行编程引擎将划分完成的任务送到对应的处理器核或者加速器上完成数值计算。目前并行计算的体系结构包括单机指令级并行、多核并行、众核并行、高性能集群等。其中集群并行计算是目前最为流行的并行计算机设计体系架构，其突破了单机设备在硬件性能上的限制，可以做到让成千上万个计算节点同步执行计算任务，是万物上云发展方向的重要技术基础。

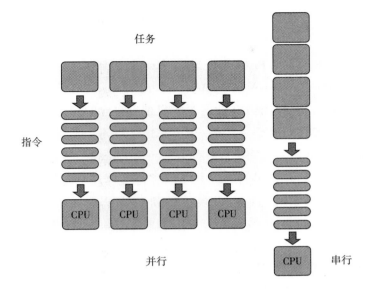

任务

指令

CPU CPU CPU CPU

并行

CPU 串行

图 2-1 并行与串行模型对比

一台并行计算机可以是一台具有多个内部处理器的单计算机，也可以是多个互联的计算机构成的一个一体的高性能计算平台（Wilkinson and Allen，2005）。并行计算机的存储类型大致可以分为三类：共享存储型、分布式存储型和分布式共享存储型。并行计算机及并行计算环境是并行算法赖以生存的物质基础，它们的发展直接影响着并行算法的设计和实现。1966 年，Flynn 提出了著名的 Flynn 分类法（Flynn，1972），根据指令流与数据流方式的不同，将计算机系统分类。指令流是指机器执行的指令序列；数据流是指指令调用的数据序列，包括输入数据和中间结果。据此，可以把计算机系统分成以下四类：

一是单指令流单数据流 SISD（Single Instruction Stream Single Data Stream）。

二是单指令流多数据流 SIMD（Single Instruction Stream Multiple Data Stream）。

三是多指令流单数据流 MISD（Multiple Instruction Stream Single Data Stream）。

四是多指令流多数据流 MIMD（Multiple Instruction Stream Multiple Data Stream）。

分布式共享存储（Distributed Share Memory，DSM）结构也称为非一致内存访问（Non-Uniform Memory Address，NUMA）结构（Adve and Gharachorloo，1996），是指系统中的每台处理机都有自己的局部存储器，但这些局部存储组合起来形成了一个统一的共享地址空间。此外，操作系统（如 Windows、Linux 等）、程序语言（如 C、C++、Fortran）与并行计算环境是实现并行算法的常用软件环境。其中的并行计算环境随着近年来分布式 MPP 系统与集群系统的蓬勃发展而得到迅速发展，相继出现了 PVM、MPI、Express、Linda 和 Zipcode 等基于消息传递的并行计算环境，目前常用的是并行虚拟机（Parallel Virtual Machine，PVM）系统（Konuru et al.，1997）和消息传递界面（Message Passing Interface，MPI）系统（Snir et al.，1996）。其中，PVM 属于显式消息传递系统。MPI 是为了统一不同的 MPP 厂家的消息传递 API，由来自高性能计算领域的专家和 MPP 厂家的代表组成的委员会制定工业标准，它的目标是开发一个广泛用于编写消息传递程序的标准，要求编程界面实用、可移植、高效、灵活，能广泛用于各类并行机。MPI 的现在版本是 MPI-2，是 1997 年 2 月颁布的。MPI 是一种消息传递编程模型，其已成为这种编程模型的代表和事实上的标准。MPI 虽然很庞大，但是它的最终目的是服务于进程间通信。

计算模型是对计算机的抽象。并行计算模型就是从不同的并行计算机体系结构模型中抽象出来的，并行算法是在并行计算模型上设计出来的。目前，在并行计算机的研究中，还没有一个真正通用的并行计算模型。PRAM、$\log P$ 和 C^3 这三种并行计算模型是比较流行的并行计算模型。

2.5.1　并行设计模型

算法是解题方法的精确描述，它是一组有穷的规则，这些规则确定了解决某一特定类型问题的一系列运算。并行算法是一些可同时执行的若干进程的集合，这些进程相互作用、协调动作，从而达到给定问题的求解。一个好的并行算法应该充分发挥并行处理机的计算能力。下面分别对并行算法设计中存在的重要问题进行讨论。

2.5.1.1 物理问题在并行机上的求解

一个物理问题并行求解的最终目的是将该问题映射到并行机上，而映射过程是通过不同层次上的抽象来实现的。物理问题的一般求解过程，如图 2-2 所示。首先，将物理问题抽象得到该并行机的并行计算模型，在这个模型上设计合适的并行算法；其次，进行程序设计，最终实现物理问题的求解。可见，对于现实世界的物理问题，为了能够高效地并行求解，必须建立它的并行求解模型，一个串行的求解模型是很难在并行机上取得满意的并行效果的。得到并行求解模型后，就可以针对该模型设计高效的并行算法，这样就可以对该问题的求解进行精确描述和定量分析，就可以对各种不同的算法进行性能上的比较，最后通过并行程序设计实现物理问题和并行机的结合。

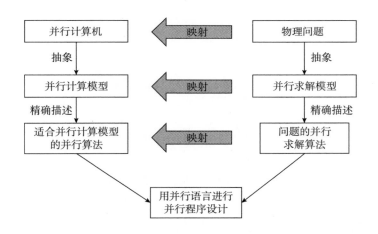

图 2-2 物理问题在并行计算机上的求解过程

2.5.1.2 并行算法的设计流程

相同的并行计算模型，可以有多种不同的并行算法来描述，并行算法设计的不同对并行程序的执行效率会产生很大的影响。本书采用的并行设计方法是基于 Foster（1995）所描述的任务/通道模型，该模型有利于促进高效并行算法的开发。

任务/通道（Task/Channel）模型（Quinn，2003）将并行计算描述为一系列任务，任务之间通过使用通道传递消息进行交互。任务（Task）是指一个程序、本地存储及一组 I/O 端口，任务能通过输出端口将其本地数据发送给其他任务，同时也能通过输入端口接收来自其他任务的数据。这里，任务相当于进程。通道（Channel）是连接一个任务的输出端口与另一个任务输入端口的一个消息队列。数据按其在通道另一端的输出端口中所放置的次序出现在相应的输入端口中。该方法可以分为四个步骤：划分、通信、聚集和映射，图 2-3 给出了 Foster 并行算法设计流程。

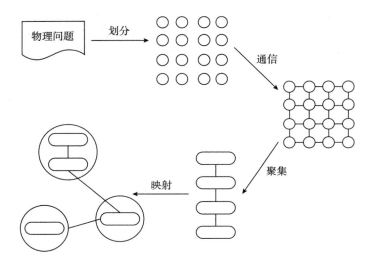

图 2-3　Foster 并行算法设计流程

（1）划分。划分是将计算和数据进行分片的过程。两种主要的划分方法分别是：域分解（Domain Decomposition）和功能分解（Functional Decomposition）。域分解是指以数据为中心进行划分的方法。具体过程是：将数据分解成片，再确定如何将计算与数据联系起来。这种划分方法主要考虑的是最大和最频繁访问的数据。功能分解是以计算为中心进行划分的方法。具体过程是：将计算分片，再确定如何将数据项与计算联系起来。

这两种划分方法中的片就是并行设计过程中的原始任务。划分的目的是尽可能多地识别原始任务，原因是原始任务的个数是人们能够开发的并行性的上界。

（2）通信。识别出原始任务之后，就需要确定它们之间的通信模式。在并行执行过程中，通信模式大致可分为两类：局部通信和全局通信。局部通信是指当一个任务为执行某个计算操作而需要来自其他部分任务的值时建立的通道；全局通信是指当执行计算操作时，因需要大量甚至全部原始任务提供数据而建立的通道。因为串行算法中并不需要进行通信，故在并行算法中，任务之间的消息通信会带来额外的开销。因此，最小化并行通信开销是并行算法设计过程中的一个重要目标。

（3）聚集。聚集是指将较小的原始任务合并成大的任务的过程。一般情况下，聚集的结果就是给每个处理器分配一个任务。聚集的目的是降低通信开销、维持并行设计的可扩展性及减少软件工程上的开销。

有效降低进程间的通信开销是聚集的首要目标，经常采用的方法有两种：一是将通道相连的原始任务合并，而这些原始任务之间的通信将被完全消除；二是合并发送消息与接收消息的原始任务，从而有效减少发送消息的个数。维持并行设计的可扩展性是指在聚集过程中，要确保任务的合并不会影响程序的移植性。减少软件工程上的开销是指聚集应该使人们更多地利用现有的串行代码，以减少开发并行程序的时间和成本。

（4）映射。映射是指将任务分配给处理器的过程，其目标是最大化处理器的利用率和最小化处理器间的通信量。

处理器利用率是指处理器用于执行求解问题时间的平均百分比。当负载平衡时，所有处理器在相同时刻开始执行，在相同时间结束执行，处理器的利用率最大。反之，当处理器不同步时，即某些处理器忙于处理时，某些处理器处于空闲状态，处理器的利用率将下降。显而易见，增加处理器利用率和最小化处理器之间的通信量是一对相互矛盾的目标。因此，最终选择的映射是在最大化利用率和最小化通信之间寻找一个合理的折中点。但是，寻找任务映射的一个优化解是 NP 难题，因此必须依赖于启发式算法，以得到较好的任务映射。

2.5.1.3 并行程序设计模型

在当前并行计算机中，常用的并行编程模型有两类：消息传递和共享存储。

（1）消息传递。

消息传递接口（Message Passing Interface，MPI）是目前使用最为广泛，在并行机上实现并行计算的一种方式。MPI编程是基于大粒度的进程级并行，具有很好的可扩展性。但是，消息传递并行编程只能支持进程间的分布式存储模式，即各个进程可以直接访问自己的局部内存空间，而对其他进程的局部存储空间的访问只能通过消息的发送及接收来完成。

（2）共享存储。

共享存储（Open Multi-Processor，OpenMP）是基于细粒度的线程级并行，仅被SMP、DSM及MMP并行计算机所支持。所有的OpenMP程序开始于一个单独的主线程（Master Thread），主线程会一直串行执行，直到遇见第一个并行域（Parallel Region）才开始并行执行。OpenMP移植性不如消息传递并行编程，但由于它们基于共享存储，所以并行编程的难度较小。

2.5.1.4　负载平衡

负载平衡是高性能计算的关键技术之一。负载平衡是指在各计算节点间均匀分配任务，以使各个进程倾向于同时完成任务，从而减少单个进程的最长运算时间。换句话说，负载平衡是在并行计算系统的多个计算节点间平均地分配计算任务的行为，是实现资源有效共享、提高系统资源利用率，从而有效减少并行程序的运行时间、提高并行程序性能的必然要求（Sahni and Thanvantri，1996）。负载平衡根据任务运行特性的预先（计算任务运行前）可用性可分为静态负载平衡与动态负载平衡。

2.5.2　并行算法性能度量

对于一个给定问题，如果设计了一个新的并行算法，就必须对该算法的性能进行评价。本部分对度量并行算法性能的一些基本概念——运行时间、加速比和并行效率等进行介绍，以方便后续的算法分析。

（1）运行时间。

算法的运行时间是指算法在并行计算机上求解一个问题所需的时间，即算法开始执行到执行结束的这一段时间。如果多个处理机不能同时开始或同时结束，则算法的运行时间定义为：从最早开始执行的处理机开始执行算起直到最后一台处理机执行结束所经过的时间。

执行时间 T_p 是指并行算法在 p 台处理机上求解规模为 n 的问题所需要的时间，计算公式如下：

$$T_n = \sigma(n) + \phi(n) + \tau(n, p) \tag{2-4}$$

其中，$\sigma(n)$ 是串行部分计算时间；$\phi(n)$ 是并行部分计算时间；$\tau(n, p)$ 是并行开销时间，包括通信时间、进程管理时间、通信接口启动时间等。

（2）加速比。

加速比（Speedup）是指串行程序执行时间和并行程序执行时间之比。并行算法的加速比计算公式如下：

$$S_p = \frac{T_s}{T_p} \tag{2-5}$$

其中，S_p 是指加速比；T_s 为最优串行算法在单处理机上的运行时间；T_p 为并行算法在并行机使用 p 台处理机所需时间。

加速比是一个度量并行处理性能的参数，它刻画并行求解一个实际问题所获得的性能，即相对单机上的串行处理而言使用并行处理所获得的性能。从问题规模角度出发，可将并行加速比分为固定规模问题的加速比定律和可变规模问题的加速比定律。常见的与加速比有关的模型有：Amdahl 加速比模型和 Gustafson 加速比模型。Amdahl 加速比模型假设问题规模固定，因此它也称为固定规模问题的加速比模型。Gustafson 加速比模型指出要获得较高的加速比，应随处理机数目的增加而增加问题的规模，而不是固定问题规模。

（3）并行效率。

并行效率 E_p 用来度量并行算法对处理器的利用效率，可以补偿加速比评价标准的不足。并行效率的计算公式如下：

$$E_p = \frac{S_p}{p} \tag{2-6}$$

2.5.3　并行编程模型

OpenMP 并行编程框架的明显优势就是不需要对原始串行代码做较大的改动，而只需要在并行处理的代码部分添加编译制导语句即可。但是在实际操作过程中不能没有针对性地进行优化，因为 OpenMP 属于线程级并行，而线程的调度也需要额外的开销。所以通常需要先对程序进行整体分析，寻找其中最耗时同时具有一定并行性的部分代码，然后对其进行并行优化。OpenMP 采用的是 Fork/Join 并行结构，这种模式可以在需要并行处理的代码部分 Fork 出多个线程，然后新产生的子线程与主线程一起执行任务，最后将多个线程 Join 为一个主线程，同时主线程可以处理最后信息的整合工作。OpenMP 由于共享内存模型的限制只能在单机环境下运行，所以在多机并行环境中 OpenMP 通常和其他并行编程语言，如 MPI 相结合工作。

OpenMP 模型是多线程并行执行，而 MPI 则是多进程并行执行。同时 MPI 还支持不同节点之间的网络通信功能，从而达到多节点并行编程的目的。也正是因为 MPI 编程模型可以扩展到多节点上运行，所以其通常都是用于大规模、复杂的并行程序编写。MPI 编程模型可以和 OpenMP 编程模型相结合，如图 2-4 所示。其中，MPI 负责并行任务的粗粒度划分和多节点进程间的数据通信工作，而 OpenMP 则负责并行任务的细粒度划分，充分发挥其在共享内存领域的优势，完成节点内部的线程级并行。

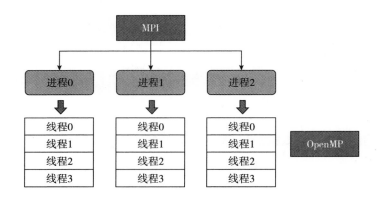

图 2-4　MPI+OpenMP 混合并行

在 CUDA 编程模型中，计算机硬件系统被分为主机端和设备端两个部分，其中主机端主要负责逻辑控制任务或者具有数据依赖的任务等，而设备端主要负责需要使用 GPU 进行加速的密集数值计算任务。一个基本的

CUDA 并行程序通常有固定的数据上行拷贝、Kernel 函数计算、数据下行拷贝三步执行流程。CUDA 编程模型涉及 Grid、Block、Thread 三层结构，其中 Grid 和 Block 的规模都可以设置为多维格式，以满足不同数据类型的数值计算任务。同时，CUDA 编程模型在 GPU 端还可以设置全局存储器、共享存储器等多级存储器结构，以满足计算任务分配工作的灵活性需求。

在 CPU 并行方案的实现过程中，本章首先考虑了 MPI 并行。MPI 是在多机并行应用当中普遍采用的并行编程模型，但在 MPI 并行应用当中进程之间的通信开销是对程序整体性能影响较大的部分之一。为此如何平衡 MPI 进程任务划分和进程间通信调用之间的关系是设计 MPI 并行应用过程中主要考虑的方面。本章采用的迭代法是广义共轭余差算法，该算法需要严格按照迭代的顺序进行，所以并行方案主要是针对单独一次迭代过程内部的计算任务展开。MPI 并行方案将程序计算任务的划分和进程进行结合，每一个 MPI 进程处理一部分任务，然后在需要交换数据时进行必要的进程间通信。

在 CPU 并行方案中除了 MPI 并行外还测试了 MPI+OpenMP 混合并行的性能。MPI+OpenMP 混合并行方案可以充分发挥 MPI 和 OpenMP 两种并行模型各自的优势。首先对于原始数据按照不同矩阵行划分成 row_ part，不同的 MPI 进程只需要处理对应的子矩阵和向量的乘积，多个 MPI 进程可以并行完成计算任务。同时在每一个 MPI 进程内部，OpenMP 可以利用自身线程的并行处理优势将 row_ part 划分为计算粒度更小的 subrow_ part 进行计算。

2.5.4 实验环境

本书的研究工作是在中国传媒大学媒介音视频教育部重点实验室高性能计算集群系统环境下进行测试完成。该集群系统由 1 个管理节点、16 个计算节点组成。管理节点主要承担登录集群、控制节点和安装节点的所有任务，以及完成计算节点和存储系统之间数据的输入/输出；计算节点的功能是执行计算。集群系统的软硬件配置如下：

（1）管理节点配置。

2 颗 Intel Xeon X5430 2.66GHz（2x6M）四核处理器，12MB 缓存；16GB ECC Fully buffered DDR2 667MHz 内存；6 块 300GB 15Krpm 3.5 英寸

热插拔 SAS 硬盘；双千兆以太网接口，一个 Infiniband 光纤接口，冗余电源。

（2）计算节点配置。

2 颗 Intel Xeon X5430 2.66GHz（2x6M）四核处理器，12MB 缓存；16GB ECC Fully buffered DDR2 667MHz 内存；1 块 146GB 15Krpm 3.5 英寸热插拔 SAS 硬盘；双千兆以太网接口，一个 Infiniband 光纤接口。

（3）网络配置。

基于 Infiniband 光纤交换机，单端口传输速率 DDR（20Gbps）；芯片延迟 140ns；理论点到点 MPI 延迟为 1.2μs；实际测试达到 1.55μs；每秒可传输 15M 信息包。

（4）软件配置。

集群系统配有 Red Hat Enterprise Linux 操作系统和 Windows HPC Server 2021 操作系统；软件开发工具包括 C/C++、Fortran、可视化性能分析器 VTune、MPICH-2 接口函数库等。

2.6　图像分割理论

视觉是人类从客观世界获取与感知信息的重要途径，随着科技的发展，针对计算机视觉的研究也日益增多。计算机基于人类视觉原理，对数字化图像进行感知与理解等交互，即为计算机视觉。计算机视觉涵盖多项研究分支，其中较为基础与热门的有物体识别、姿态检测、图像分割、三维重建、运动跟踪等，图像分割为其中较为重要的一个研究方向。

图像分割的主要目标是根据图像的某些特征（灰度直方图、边缘以及区域信息等）将图像划分为互不重叠的一系列集合，实现对图像中目标物体或区域的提取。随着图像分割技术的发展，科研人员提出了种类繁多的分割方法，依据分割原理，图像分割方法可以划分为：基于边界的方法、基于图论的方法、基于阈值的方法、基于信息论的方法、基于统计学的方法、基于活动轮廓的方法、基于区域增长的方法、基于模糊集理论的方法、基于小波变换的方法以及基于神经网络的方法。图像分割相关应用已经融入日常生活中各个角落，在视频分析、工业自动化、生物医学、军事等多个领域均有广泛应用。

图像分割是指将图像中具有特殊含义的不同区域区分开来，这些区域之间互不交叉并且每个区域都满足特定区域的一致性。例如，可以将一幅航空图片分割成工业区、住宅区及湖泊、森林等不同的区域。图像的特征分为图像的视觉特征和图像的统计特征。视觉特征是人们可直接感知的自然特征，如区域的亮度、纹理等；统计特征是变换人为定义的特征，如统计直方图、矩、频谱等。图像分割是进行图像分析与理解的基础和关键。图像分割的好坏直接关系到运动对象提取和跟踪的成败、关系到摄像机标定和三维重建的精确与否。图像分割一般是基于像素灰度值的不连续性和相似性两个特性进行的，即区域之间的边界往往具有不连续性而区域内部又具有灰度相似性。传统方法不需要迭代训练及分割标签（无监督方法），因此实现起来简单且速度快。

2.6.1　灰度阈值分割

由于图像中的背景和前景之间通常存在明显的灰度差异，所以基于阈值的分割方法可以高效地实现目标分割。阈值分割方法的关键在于如何寻找最优分割阈值，将图像中的像素划分为背景和前景，实现精确分割。阈值分割方法是较早出现的方法，其原理是通过选取合适的阈值将所需区域提取出来。阈值分割作为图像分割领域中最简单的一种分割方法常常出现在其他算法中，该方法通过设置一个指定的灰度值作为阈值，将整张图片灰度值大于阈值的点置为 1，也就是白色，将其他像素点置为 0，也就是黑色，得到只有白色和黑色的二值图像。当目标区域的灰度值完全大于或小于图像中其他区域时，阈值分割可以简单快速地将目标区域分割出来，但事实上图像中的目标区域灰度值往往在最大值和最小值之间，且图像中存在与目标区域相似的点，因此阈值分割无法完成精确的分割（杨昀臻、赵广州，2018）。通过将计算机彩色图像梯度策略和基础阈值分割相结合，将基本图像信息变换为梯度图像，并通过数学方法求解阈值来进行判断分割。经过实验证明了该方法能降低计算工作量，在提高效率的同时也改善了基本阈值法分割不准确的情况，克服了图像分割过程中因为微小噪声导致的收敛速度慢和过度分割等问题。

Otsu 算法是一种自动阈值选择的非参数无监督图像分割方法，是阈值分割领域的经典方法之一，其原理是通过最大化图像的类间方差计算出最优阈值。Otsu 法将一幅脑部切片图的前景区域成功分割出来，其选取的图像阈值位置在直方图上直观显示为谷底区域。Otsu 方法简单有效，但是适用范围具有局限性，当图像的前景和背景所占区域面积差异较大，即图像的直方图双峰大小差异较大或者没有明显双峰时，Otsu 方法的性能则会受影响，同时 Otsu 方法只考虑图像灰度信息，未考虑图像的空间信息。基于信息论的"熵"概念，提出了最大熵法，该方法通过最大化前景和背景的熵之和来计算最优阈值，在图像直方图不是理想双峰的情况下也能取得较好结果，但是同样也未考虑空间信息，所以对噪声的鲁棒性较差。在 Otsu 方法的基础上提出了二维直方图概念，引入像素邻域的灰度均值构建成第二维度。由于第二维度考虑了像素空间分布关系，提高了算法对噪声的处理性能，该方法在低信噪比样本上具有更优结果。

一种优化的阈值化方法被提出，该方法基于监督样本，根据感兴趣区域（ROI）直方图来估算背景与 ROI 区域的比例变化频率范围，最后通过在受限的可变背景范围内最小化分类误差来求最佳阈值。根据医学图像数据的分割结果评估，该优化方法的结果优于经典方法。为了解决分割问题，该方法使用了 NSGA 二代进化算法的改进版本，通过改变停止标准和自动选择初始种群的大小和世代数来调整算法。灰度阈值分割图像的方法是一种最常用的图像分割技术，一般十灰度图像的分割特点是操作简单且分割结果是一系列连续的区域。这种方法基于以下假设：图像目标或背景内部的相邻像素间的灰度值是高度相关的，目标与背景之间的边界两侧像素的灰度值差别很大，图像目标与背景的灰度分布都是单峰的并且其灰度直方图一般具有双峰性质。因此，灰度阈值法对具有双峰性质的图像分割十分有效且效率较高。

灰度阈值的图像分割法由于计算量小、实现简单，一直是一种基础且应用广泛的图像分割方法，它不仅可以极大地压缩数据量，还大大简化了分析和处理步骤，因此成为了图像分析、特征提取与模式识别之前必要的图像预处理过程。阈值分割法主要是利用待分割的目标区域与背景区域的灰度差异设置阈值，把像素分成若干类，然后产生相应的二值图像，分类方式可以用公式（2-7）表示，其中 $f(x, y)$ 表示原始图像，T 为阈值，$g(x, y)$ 为分割后的图像。

$$g(x, y) = \begin{cases} 1, f(x, y) \geqslant T \\ 0, f(x, y) < T \end{cases} \tag{2-7}$$

阈值分割法适用于目标与背景灰度对比较强的情况，主要是由于背景或目标的灰度值比较单一，而且分割出的区域边界总是封闭且连通的。目前，阈值分割法一般用在 MR 图像的预处理中，并与其他图像分割方法相结合，达到提升分割准确率的目的。阈值的选择方法有人工经验选择法、直方图分析法、Otsu 算法等。

Otsu 算法（梁远哲等，2021）主要原理是采用遍历的方法，找到能使前景和背景之间方差最大的阈值，对于图像灰度直方图来说，就是找到两个波峰之间的波谷最低值作为阈值。实际使用 Otsu 实现阈值分割的过程中，使 g 最大时得到的阈值 T 即为最佳阈值。阈值分割法虽然实现简单，但对于精确度要求很高的数据样本来说并不适用，阈值分割法更适用于背景简单、对比度强的图像。阈值的选取对最终分割结果有较大影响，阈值设置过大会导致图像的过度分割，设置过小会造成欠分割，通过实验找到的最佳阈值为5。

2.6.2　区域生长分割

区域生长算法是根据同一物体区域内像素点的相似性（纹理、平均灰度值等）来聚集像素点的方法。具体过程为：从初始某个像素或多个像素（种子点）出发，判断种子点连通区域内的像素是否符合生长准则，将符合准则的区域合并到区域内形成新的区域，这样向外生长的过程不断重复，直到满足一定条件时，区域生长终止。根据基于灰度的不确定性可以得到图像像素之间的灰度关系，为了得到相邻像素之间的空间关系，则需要引入区域均匀性理论。区域均匀性主要用来度量邻接像素之间的模糊关系，反映了像素之间的灰度连通性与灰度均匀性。

基于区域生长图像分割的主要思想就是将一个基本的种子点放入需要进行分割的区域内，该点即为区域生长的种子节点，并以此来制定生长准则，如果种子节点周围的灰度值信息与种子节点本身灰度值信息是接近或是相同的，那么就把该像素点与种子点合在一起生成一个更大的种子节点，就这样一直演化下去，直到不能再找到满足生长准则的像素点为止，此时种子节点就演化成了分割区域。Angelina 等（2012）将遗传方法结合了区域生长法，利用图像的灰度信息和纹理信息，通过遗传算法来选择阈值，进而利用区域生长法进行病灶区域的快速分割，对医学图像中的病灶区域实现了有效的提取。虽然将传统定向区域生长方法加以改良，但是结果依然会产生血管局部区域丢失的现象，尤其是影像中的一些细小部位，如毛细血管等部位不能较好地展示出来，因此在利用传统区域生长算法进行细小部位分割的过程中经常会出现信息不完整、丢失末梢图像信息等现象。所以区域生长法并不适用于灰度值极其不均匀的动脉、气管、血管等部位的分割。区域生长算法在一些情况下可以通过自适应选取种子节点的方法来实现全自动分割，但区域生长算法本身无法完成这样的分割，需要与其他算法结合使用，以另一种算法的特性来帮助区域生长算法选取种子节点和指定生长准则，以此来实现全自动分割。但是这不是一件容易的事，若想要该算法有意义，与区域生长算法混合使用的算法必须能解决区域生长算法本身的一些缺点和局限性，且混合使用后结果必须优于原算法。

区域生长算法具体过程以原图中灰度值为 2 的像素点（黄色方块）作为种子点，以四邻域内灰度值与种子点灰度值差值不超过 1 为生长准则，每一次生长都把周围符合生长准则的像素点纳入区域内，直到没有符合条件的像素点为止。在不知道任何先验条件的前提下，区域生长能够取得不错的结果，在目标区域具有连通性的图像中表现更佳。由区域生长的定义及以上过程不难发现，基于区域生长的分割算法结果由种子点位置的选取、区域生长的准则和终止条件共同决定，同样的图像使用不同的准则或种子点会造成不同的分割结果，这不利于最终结果的定性分析。区域生长分割更加适用于目标区域连通性较好的图像。另外，对于与背景灰度值差异不大的区域，区域生长法几乎没有任何分割效果。

2.6.3 形变模型分割

自从 Kass 等（1988）首次提出基于可形变模型的图像目标分割方法后，这种基于曲线演化理论的方法受到了广泛的关注，成为图像目标分割方法中的一个重要分支。可形变模型是自顶向下的方法，首先需要在感兴趣区域附近放置一个初始的连续的演化曲线，并构造相应的能量泛函，在内部力（一般指弹性能量与弯曲能量，可以控制演化曲线的弹性形变）和外部力（梯度等图像特征，能够驱动演化曲线向图像的轮廓边缘位置移动）的共同驱动下，演化曲线逐渐向目标边缘靠拢，使能量泛函取到最小值。其中，内部力（也称为内部能量）能够反映对目标轮廓边缘的高层先验约束，而外部力（也称为外部能量或图像力）能够利用图像的底层局部特征驱动曲线向灰度梯度值大的位置演化。

几十年间，可形变模型理论逐渐完善丰富，国外许多学者致力于改进最初的模型、扩展应用，或者增加新的高层先验约束，推动了可形变模型分割方法的发展。1988 年提出的可形变模型称为 Snake 模型，是一种参数模型（显式模型），直接用参数方程显式地表示出演化曲线。Snake 模型采用图像灰度值的梯度特征作为外部力，而图像梯度特征包含的是图像的局部信息，因此当初始的曲线轮廓距离待分割目标较远时，演化曲线不能收敛到目标的真实边界。针对这个问题，气球力（Balloon Force）模型被提出，通过增加一个垂直于演化曲线的恒定外力，使初始的曲线轮廓能收敛到目标边缘，在一定程度上减轻了 Snake 演化曲线受初始位置的影响。但是这种气球力是一种单向驱动力，通过系数的正负来确定气球力的方向指向，从而确定演化曲线法线向外或向内，但不能根据初始轮廓的位置来自动确定驱动方向，因此其应用受到了限制。梯度向量流（Gradient Vector Flow，GVF）Snake 模型通过扩散方程，扩展梯度信息的作用区域，更有效地驱动演化曲线收敛到目标的边缘位置，但是梯度向量流增大了计算量。Snake 这类参数可形变模型虽然应用非常广泛，但是存在计算量大，不能自动处理演化曲线拓扑变化（分裂与合并）等问题。

水平集方法（Level Set Method，LSM）能够有效地解决这个问题。水平集方法借鉴了流体力学中的一些思想，不直接用参数来表示二维演化曲线，而是将二维曲线隐式地嵌入水平集函数（Level Set Function，LSF）的三维曲面上，作为其零水平集。这样对二维曲线演化的追踪就转变成了对三维曲面演化的追踪，整个过程不发生参数的变化，并且能够自然地处理演化曲线拓扑形态的变化。随后，将 LSM 应用到基于主动轮廓模型（Active Contour Model，ACM）的图像目标分割问题中，相较于参数（显式）可形变模型，LSM 可以称为几何（隐式）可形变模型。

根据能量泛函中考虑的图像特征的不同，水平集方法大致可以分为两类：基于边缘的水平集方法和基于区域的水平集方法。前者主要依赖图像边缘梯度信息，后者则综合考虑图像区域信息。基于黎曼空间最短测地线距离理论的测地线主动轮廓（Geodesic Active Contour，GAC）模型就是一种基于边缘的水平集方法，这类方法中，曲线在图像梯度较小的位置演化速度较快，而在图像梯度较大的位置演化速度较慢，从而使演化曲线能够在目标边缘停止，但是当目标边缘模糊或者图像存在噪声时，分割效果并不理想。

基于区域的水平集方法依赖图像区域的统计信息，能够分割边缘较模糊的目标，并且对于噪声有一定的鲁棒性。应用最为广泛的是由 Chan 和 Vese（2000）提出的两相分段常数模型（Chan-Vese，简称 CV 模型），它实际是 Mumford-Shah 模型的一种简化。CV 模型假设待分割图像的目标和背景都是均匀的，通过图像各位置像素点灰度值分别与演化曲线内外区域的图像灰度平均值的差异来驱动曲线演化。由于 CV 模型对于弱边界和带噪声的图像的分割效果较好，并且原理与数值求解方式也比较简单，因此得到了非常广泛的研究和应用。随后采用分段平滑函数逼近演化曲线内外的区域，与分段常数模型相比，它对每个区域的近似会更加准确。

无论是参数型可形变模型还是几何型可形变模型，当待分割目标被遮挡或者图像背景较复杂时，只依靠图像数据难以将目标准确地分割出来。此时，需要考虑目标的一种重要的视觉特征，即形状特征，来作为高层先验知识指导曲线演化。目前，带有形状先验约束的水平集方法是一个研究热点，按照形状先验个数的不同，基于形状先验的水平集方法可以分为单先验水平集方法和多先验水平集方法。单先验水平集方法如：当前演化曲线与经过仿射变换后的先验形状之间的距离，将单形状先验引入水平集方法中；为了排除待分割图像中其他目标的影响，单先验方法中引入动态标签函数；基于匹配的单先验水平集方法，无须人工初始化曲线轮廓。由于单个形状先验不能体现同类形状的共性，因此当待分割目标和先验形状差异比较大时，单个先验起不到有效的形状约束作用，一个可行的解决方法是增加先验形状的数量，即采用基于多先验约束的水平集方法。基于多先验的水平集方法均须不断迭代更新形变参数，计算量比较大。为避免引入较多的参数，可以通过建立形状空间的统计模型来代替。用高斯模型对形状先验在特征空间的分布进行建模；为了对形状分布的建模更准确，用核密度估计（Kernel Density Estimation，KDE）代替高斯模型。由于形状在特征空间是稀疏分布的，用局部保持映射（Locality Preserving Projections，LPP）将形状先验映射到低维空间，然后再用 KDE 估计分布，使建模更准确。

基于形变模型的图像分割方法通过使用从图像数据中获得的约束信息自底向上和目标的位置、大小和形状等先验知识自顶向下对目标进行分割、匹配和跟踪分析。常见的形变模型包括主动轮廓模型、三维形变曲面模型等。活动轮廓模型是一条封闭的或不封闭的弹性曲线，它是由若干个受控点所组成的几何来表示的开始应用于跟踪人嘴部的运动。其基本思想是在寻找指定特征轮廓时通过模板自身的弹性曲线变形和运动，使之由位于图像上的初始位置逐渐向特征位置靠拢。用于图像分析时首先通过某种能量函数极小化来完成对图像的分割，再通过对模板的进一步匹配来实现图像的理解和识别。基于主动轮廓模型的图像分割过程使模型在外能量和内能量的作用下向物体边缘靠近外力推动轮廓曲线运动，而内力保持了轮廓的光滑性。

总之，可形变模型为图像目标分割提供了较为统一的框架，其中水平集方法由于能够自动处理曲线在演化过程中的拓扑变化，并且能够方便地结合图像底层数据和高层知识应用到能量泛函中，对分割结果进行干预和修正，因而得到了长足的发展和广泛的应用。由于方法在处理局部有间断的轮廓时常常能得到很好的整体效果，所以逐渐被应用到更多的场合。

2.7　本章小结

本章介绍了本书研究所涉及的理论知识，包括图像与视频编码理论、人类视觉感知理论、视觉显著性检测理论、并行计算理论和图像分割理论。

在图像与视频编码理论中，首先介绍了图像编码基本原理、数据冗余类型及常用的压缩编码算法；其次，阐述了视频编码基本原理及其混合编码框架采用的预测编码技术、变换编码技术及熵编码技术。得出结论：①传统的混合视频编码框架立足于经典的率失真理论，利用视频流的时间冗余、空间冗余和码字冗余，来实现数据压缩的目标。②传统的混合视频编码框架并没有深入研究人类视觉系统对视频图像信号的理解机理，因此不可能充分地消除人类视觉感知冗余，从而引出了本书的研究重点。

在人类视觉感知理论中，首先介绍了人类视觉系统的感知原理及其研究现状；其次，阐述了人类视觉感知理论在图像与视频处理领域的应用。得出结论：①人类视觉系统是人获取外部信息的主要手段之一，是视频图像信息的主要接受源，因此可以利用人类视觉感知原理来改善视频编码的编码效果和计算效率。②人类视觉系统本身是一个极其复杂的系统，因此有效消除视觉感知冗余的图像/视频编码问题并没有一个统一的解决方法，还存在很多问题需要研究。③新的编码算法框架不仅要能实现利用视觉感知原理对比特资源和计算资源进行更有效的优化分配，而且还要尽可能地提高计算效率，减少执行时间，从而达到实时应用的要求。

在视觉显著性检测理论中，首先介绍了视觉显著性检测的感知原理及其研究现状；其次，阐述了基于传统算法的显著性检测方法与基于神经网络的显著性检测方法。

在并行计算理论中，首先详细地描述了一个实际物理问题在并行机上的求解过程，引出了计算模型的概念，给出了常用的三种并行计算模型，并对其做了分析与比较。其次，介绍了并行计算机的软件环境及其分类。着重介绍了 Foster 并行算法的设计过程、描述方法及并行算法性能的主要度量指标（执行时间、加速比、效率等）。最后，对本书研究工作的实验环境进行了简单阐述。得出结论：①并行计算是解决单处理器速度瓶颈的最佳方法，是创建与使用并行计算机的主要原因。基于 Linux 的 COW 集群和基于 Windows 的集群是当前最流行的集群系统。②基于任务/通道的并行计算模型，能够促进高效并行算法的开发。一个实际物理问题在该模型下可被抽象为四个步骤：划分、通信、聚集与映射。③度量并行算法的性能指标包括：并行执行时间、加速比、效率及通信时间开销等。

在图像分割理论中，首先介绍了图像分割原理及其研究现状；其次，分别阐述了灰度阈值分割方法、区域生长分割方法与形变模型分割方法。

3

多区域图像纹理替换模型

3.1 引言

数字图像编码的目的是在保证一定重构质量的前提下，以尽量少的比特数来表征图像信息。数字图像编码经过近几十年的发展，出现很多种编码方法。其中不仅包括基于经典香农信息论的传统压缩方法，还有结合计算机视觉、模式识别、分形几何等新一代的图像编码方法。虽然这些数字图像编码方法的算法原理是各不相同的，但是这些方法最终都是通过消除图像数据的空间冗余、统计冗余及视觉感知冗余来实现数字图像数据压缩的目的。

经过几十年的发展，图像压缩编码有了长足的进步，并已发展成为一个活跃的学科体系，形成了多个研究方向和许多成功的算法。但是到目前为止，每种编码方法都有其自身的缺点和限制。预测编码、变换编码及熵编码是当前图像编码器最常用的技术，并被广泛应用到各种图像压缩领域。首先通过预测和变换降低图像原始空间域表示中存在的强相关性，然后再用标量量化和熵编码来实现有效的数据压缩。目前，这类方法的编码压缩图像数据的能力已接近极限，压缩比难以提高。若想继续提高图像压缩性能，研究人员将不得不寻找新的方法和途径。

虽然第二代图像编码方法能够充分考虑到人类视觉系统的心理和生理

特性，以便获得更高的图像数据压缩率，但是重建图像的质量往往不尽如人意，而且编码方法都具有一定局限性。因此，有效消除视觉感知冗余的图像压缩编码问题并没有一个统一的解决方法，还存在很多问题需要研究。

图像像素可划分为两大类别：形成图像结构部分的可勾描像素和组成剩余纹理部分（即结构之间的部分）的不可勾描像素。因此，分割区域的轮廓结构及其纹理信息就可以为图像（特别是由纹理构成的自然场景图像）的分析与理解提供一种简洁可靠的区域特征表达模型。本章根据区域特征表达模型理论，建立了多区域图像纹理替换模型，其功能结构如图 3-1 所示。

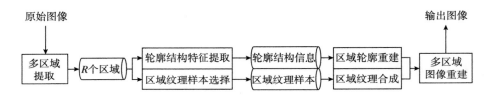

图 3-1 多区域图像纹理替换模型结构

3.2 图像分割与多区域提取

多区域提取模块的功能是获得图像的各个纹理区域，主要是通过图像分割和融合操作来实现的。图像分割就是指把图像分成各具特性的区域并提取出感兴趣的目标的技术。这里的特性可以是灰度、颜色、纹理等，目标可以对应单个区域，也可以对应多个区域。只有通过图像分割将感兴趣的纹理区域提取出来，才能进一步对各个子区域进行定量分析或者识别，进而对图像进行理解。

图像分割可借助集合概念用如下方法定义（章毓晋，2005）：

令集合 R 代表整个图像区域，如图 3-2 所示，对 R 的分割可看作将 R 分成若干个满足以下条件的非空子集（即子区域）R_1，R_2，…，R_n：

（1）$\bigcup_{i=1}^{n} R_i = R$，即指出分割所得到的全部子区域的总和应能包括图像中所有的像素。

（2）对所有的 i 和 j，且 $i \neq j$，则有 $R_i \cap R_j = \phi$，即指出任一个像素都不能同时属于两个分割区域。

（3）对 $i = 1, 2, \cdots, n$，有 $P(R_i) = \text{TRUE}$，即指出在分割后得到的属于同一个分割区域中的像素应该具有某些相同特性。

（4）对 $i \neq j$，有 $P(R_i \cup R_j) = \text{FALSE}$，即指出在分割后得到的属于不同分割区域中的像素应该具有一些不同的特性。

（5）对 $i = 1, 2, \cdots, n$，R_i 是连通的区域，即要求同一个分割区域内的像素应当是连通的。

其中，$P(R_i)$ 是对所有在集合 R_i 中元素的逻辑谓词；ϕ 指空集。

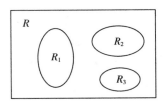

图 3-2　图像分割区域示意图

根据以上定义，很多研究者把目前提出的上千种图像分割方法分为基于边缘的分割、基于区域的分割和基于纹理的分割等。每种方法都有自身的特点和适合的应用场合。在计算视觉领域，为了实现对彩色图像进行分割，研究者不断提出了新的计算理论与计算模型，其中经典的方法有：基于均值漂移聚类算法的图像分割方法（Comaniciu and Meer，2002）、基于区域分裂与合并的图像分割方法（Deng et al.，1999）、基于马尔科夫随机场的图像分割方法、基于非参数概率模型的图像分割方法（Andreetto et al.，2007）、基于图理论的图像分割方法（Felzenszwalb and Huttenlocher，2004）。此外，Mignotte（2008）提出了基于一种信息融合的图像分割方法，首先对彩色图像在各颜色通道上进行聚类得到初始的分割结果，其次通过对所有的分割结果进行信息融合之后得到最终的分割结果。

在多区域提取过程中，笔者采用了一种经典分割算法——JSEG 分割算法（Deng and Manjunath，2001）。此外，多区域提取模块还包括区域融合过程（Jing et al.，2004），即把空间紧邻的小分割区域合并成较大的区域。

当原始图像的纹理区域被精确分割、提取后，笔者将为每一个区域设定一个索引号。设定索引号的具体过程如图 3-3 所示，图中的每一个小方格代表一个像素。多区域提取后，同质的像素构成了一个区域，正如图 3-3（b）中所示，▓红色方格构成一个红色区域，▓方格构成一个绿色区域，而▓方格构成一个蓝色区域。然后，每一个区域随机地得到一个自己的、独一无二的索引号，例如 1、2 或 3 等，而且属于同一个区域的所有像素都具有相同的索引号，该索引号等同于其区域索引号，正如图 3-3（c）中所示，每一个▓方格对应的索引号都是 1，每一个▓方格对应的索引号都是 2，而每一个▓方格对应的索引号都是 3，它们共同构成了图 3-3（a）中的原始图像的索引号列表。该索引号列表将在区域特征提取与重建过程，以及并行设计过程中发挥至关重要的作用。

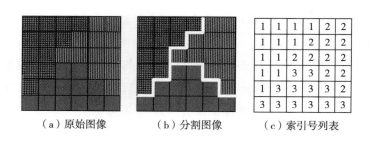

（a）原始图像　　　　（b）分割图像　　　　（c）索引号列表

图 3-3　多区域提取示意图

3.3　区域轮廓提取

多区域提取完成后，笔者将提取各个区域的轮廓结构特征。区域结构特征提取过程可分为四个阶段：二值化处理、区域轮廓跟踪（Adamek and O'Connor，2003）、下采样及分段迭代曲线拟合（Sun et al.，2008），如

图 3-4 所示。图中的●代表区域轮廓曲线上的顶点，例如 A、B 等，图中的
◉代表非顶点，例如 E。

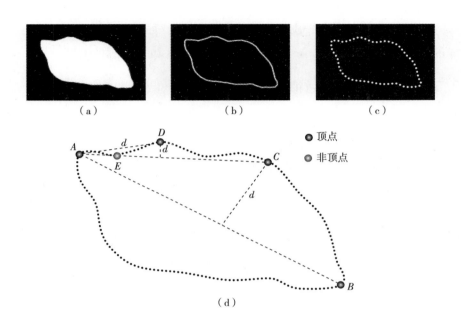

（a）　　　　　　　（b）　　　　　　　（c）

● 顶点

◉ 非顶点

（d）

图 3-4　区域轮廓结构特征提取示意图

3.3.1　区域轮廓跟踪及下采样

阐述方便起见，笔者仅对某一个区域进行结构特征提取分析。首先，
得到待编码图像的二值化图像，如图 3-4（a）所示。

其次，通过轮廓跟踪得到一个由区域边界曲线上的像素点组成的有序
序列。轮廓跟踪执行过程如下：

（1）以区域轮廓曲线上的起始点作为邻域的中心点，沿逆时针方向开
始寻找下一个候补点。

（2）判断候补点是不是在待编码区域的对象区域中，如果在，就把
该候补点作为邻域的中心点，重复步骤 1 操作，直至得到轮廓上所有像
素点的有序序列，即确定出待编码区域的轮廓曲线，如图 3-4（b）

所示。

最后，我们对轮廓曲线上的所有像素点组成的有序序列，按照等长间隔或随机间隔进行有序抽样，即下采样提取，从而得到有序向量 (x_s, y_s)，s 代表向量元素在轮廓曲线上的位置序号，如图 3-4（c）所示。这样的话，有序向量 (x_s, y_s) 就代表了待编码区域的轮廓曲线特征。

3.3.2 分段迭代曲线拟合

笔者通过分段迭代曲线拟合来实现区域轮廓结构特征提取的目的。分段迭代曲线拟合的具体执行过程如下：

（1）找到轮廓曲线上相距最远的两个点 A 和 B，用直线段 L_{AB} 链接这两个点，进而把轮廓曲线分成两个曲线段 AB 和 BA，如图 3-4（d）所示。

（2）通过公式（3-2），计算轮廓曲线上的点到这个直线段 L_{AB} 的垂直距离。具体过程如下：设定区域轮廓点 A 和 B 的坐标分别是 (x_A, y_A) 和 (x_B, y_B)，直线段 L_{AB} 可由公式（3-1）表示：

$$x(y_A - y_B) + y(x_A - x_B) + x_A y_B - x_B y_A = 0 \tag{3-1}$$

$$d_s = \frac{r_s}{\Delta_{AB}} \tag{3-2}$$

其中，d 是指轮廓点 (x_s, y_s) 到直线段 L_{AB} 的距离；s 是指该轮廓点沿着曲线段 AB 方向的位置序号。而且，

$$r_s = x_s(y_A - y_B) - y_s(x_A - x_B) + x_A y_B - x_B y_A \tag{3-3}$$

$$\Delta_{AB} = \|A - B\| \tag{3-4}$$

因此，最大绝对误差 MAE 的计算公式如下：

$$\text{MAE} = \max_{s \in [A, B]} |d_s| \tag{3-5}$$

如图 3-4（d）所示，轮廓点 C 到直线段 L_{AB} 的距离是最远的。

（3）如果轮廓点 C 的 MAE 大于分裂阈值，那么曲线段 AB 就应该分成两个子曲线段 AC 和 CB；同时轮廓点 C 就成为一个新的顶点。

（4）对分裂得到的子曲线段 AC 和 CB，重复步骤（2）和步骤（3）操作，直至所有子曲线段的最大绝对误差都小于分裂阈值为止。

（5）对分段迭代得到的所有子曲线段进行多边形曲线拟合操作，进而得到每一个子分段曲线的多项式系数。

这里，仅以子曲线段 *AD* 为例具体阐述曲线拟合操作过程。首先，假定子曲线段 *AD* 由有序向量 (x_1, y_1)，(x_2, y_2)，$\cdots$，(x_n, y_n) 来表示。通常，一个多项式可以由若干个正交多项式的相加得到。其次，假定拟合多项式如下所示：

$$
\begin{aligned}
F_m(x) &= \sum_{i=0}^{m} C_i P_i(x) \\
&= C_0 P_0(x) + C_1 P_1(x) + \cdots + C_m P_m(x) \\
&= p_0 + p_1 x + p_2 x^2 + \cdots + p_m x^m
\end{aligned}
\tag{3-6}
$$

目标是计算得到系数 p_0，p_1，$\cdots$，p_m。而正交多项式能够通过公式（3-7）构造得到：

$$
\begin{aligned}
P_0(x) &= 1 \\
P_1(x) &= (x-A_1) P_0(x) \\
P_2(x) &= (x-A_2) P_1(x) - B_1 P_0(x) \\
&\vdots \\
P_{j+1}(x) &= (x-A_{j+1}) P_j(x) - B_j P_{j-1}(x)
\end{aligned}
\tag{3-7}
$$

其中，

$$
A_{j+1} = \frac{\sum_{i=1}^{n} x_i P_j^2(x_i)}{\sum_{i=1}^{n} P_j^2(x_i)}, \quad B_j = \frac{\sum_{i=1}^{n} x_i P_j^2(x_i)}{\sum_{i=1}^{n} P_{j-1}^2(x_i)}, \quad C_j = \frac{\sum_{i=1}^{n} y_i P_j^2(x_i)}{\sum_{i=1}^{n} P_j^2(x_i)}
\tag{3-8}
$$

其中，$j=0$，1，$\cdots$，m。

最后，通过上述的 C_j 和 $\{P_j(x)\}$，计算得出多项式系数 p_0，p_1，$\cdots$，p_m。这样，待编码区域的轮廓曲线就可以由这些系数和起始点来表示。至此，区域轮廓结构特征提取完成。

3.4 区域纹理样本选择

3.4.1 图像纹理技术

纹理是普遍存在的。纹理可以描述各种各样有着重复特性的自然现象，例如汽车行驶的声音、人类有规律的运动（游泳、面部表情等）以及草皮、公路、建筑等各种物体表面的颜色和形状等。在计算机图形学领域，纹理通常是指具有局部性和稳定性的随机过程的实现。

纹理分析是模式识别和计算机视觉领域里一个非常重要的研究内容，纹理的提取和识别显然是纹理描述的一个重要依据。从前面纹理千差万别的定义可以看出纹理在形式上的广泛性和多样性，从图像纹理的产生过程可以把纹理分为自然纹理和人工纹理，前者是指大自然中真实物体的表面，如瀑布、水波、燃烧的火焰、粗糙的树皮以及常用的人脸识别中的人脸等都是自然纹理。而人工纹理是指那些通过人加工合成的一些纹理，如衣服上的纹理、刺绣、木板、砖墙等。自然纹理通常呈现出一些形状杂乱无章、分布不均匀的状态，而人工纹理则在人为意识的影响下一般都呈现出有规则性的状态。

通常情况下，人们可以根据人的视觉感知判断出静态纹理的存在，但是却缺乏对静态纹理的较为严格的定义，究其原因，人们对纹理的理解受到大脑视觉神经层的支配，而通过语言和文字的方式去描述静态纹理这一概念通常显得力不从心。因为它不依赖于颜色、亮度，但又可以反映图像质量的视觉特征，所以人们常常通过平滑、稀疏、规则等特征对其进行描述。下面列举了一些典型的纹理的定义：

定义 1：图像中一个区域的局部统计集或图像的局部属性是静态的，并且呈缓慢变化或看起来像周期性的变化，即可称之为纹理。

定义 2：图像的纹理是抽象单元组成的，是一类有组织的区域现象，它可以分解为两个基本的维数，第一维是关心的局部属性，第二维是关心的空间组织属性。

定义 3：图像纹理被定义为一个块的属性，并且块内没有可分解的成分，它们之间的关系不是很明显。

定义 4：定义纹理为图像中反复出现的排列规则。

定义 5：纹理具有三个大特征：局部块排列重复不断、并不是随机排列和整个纹理区域呈现相似的排列。

定义 6：纹理是一种反映像素属性的特征，在宏观上呈现规律性而局部排列呈现不规则的特征。

从以上不同的定义可以看出，纹理在不同应用中被赋予了不同的理解。科研工作者根据人的视觉感受把纹理分为了一些视觉特征，包括粗糙度、方向度、规则性、尺度性、粗略度、对比度，这些特征中尤为重要的是粗糙度、方向度和对比度，这些纹理特征与人类的视觉感知进行了很好的对应，在许多图像的检索中得到了应用。纹理的规则性是指纹理在某个方向上表现出一致性，如砖墙；尺度性是指随着观测图像的尺度变化对应的纹理也跟随着变化，如粗糙的树皮，近看纹理很清晰，而远看则像一个光滑的树干。

纹理是对图像的像素灰度级在空间上的分布模式的描述，反映物体的质地，如粗糙度、光滑性、颗粒度、随机性等。纹理描述方法中的结构法认为复杂的纹理由一些简单的纹理基元以一定的有规律的形式重复排列组合而成。也就是说纹理中的每一个像素点都可以由其空间邻域内的像素的集合来表达，并且这种表达对每个像素都是一样的。根据纹理特征分布的方式不同，按照能否从其内部分辨出纹理基元，纹理可分成三类：结构性纹理、随机性纹理和半结构半随机性纹理。

3.4.2 区域纹理样本

在多区域图像纹理替换编码模型中，选择的区域纹理样本应该包含该区域内部纹理的局部及全局特征。选择纹理样本是为以后的纹理合成做准备的。笔者利用二维自回归统计分析模型对区域内部纹理进行了分析（Chen et al.，1999）。图像的自回归函数能被用于评估图像内部纹理的规则、细/粗糙程度。图像的自回归函数的定义如下所示：

$$\rho_{\mathrm{II}}(x,\ y) = \frac{MN}{(M-x)(N-y)} \cdot \frac{\sum_{u=1}^{M-x}\sum_{v=1}^{N-y} I(u,\ v)I(u+x,\ v+y)}{\sum_{u=1}^{M}\sum_{v=1}^{N} I^2(u,\ v)} \quad (3-9)$$

对于规则的结构纹理而言，函数将显示出波峰和波谷。笔者能很容易地确定来自区域内部纹理的纹理基元的尺寸。一般情况下，样本应该包含2~5个纹理基元。而对于随机性纹理而言，超过百分之九十的函数值都会大于0.9。相应地，纹理样本尺寸应该被设置得小一些。

3.5　多区域图像重建

在多区域图像纹理替换模型中，区域重建模块主要由两部分组成：区域纹理合成和区域轮廓重构。当所有区域都已重建成功，则意味着多区域图像重建完成。

3.5.1　区域纹理合成

传统纹理合成算法都以马尔科夫随机场（Markov Random Field，MRF）的纹理描述模型为前提，但是，马尔科夫随机场假设模型自身存在一定的局限性，即局部依赖和统计稳定性，导致基于马尔科夫随机场模型的纹理合成方法在学习样本纹理的全局结构方面存在缺陷。纹理合成技术研究统一追求的目标包括：合成结果的高质量、合成算法的快速度、对各类样本合成的普适性以及合成过程的可控性。此外，如何抓住样本纹理中的这些类似于形状、尺度等特性，并且能够恰当合理地体现到合成的纹理中是很具有挑战性的一项工作。纹理合成是指利用给定的纹理样本生成大范围的纹理，使生成的纹理在局部具有样本纹理的特征模式，但整体上又呈现一定的随机性。现有的纹理合成算法大致可以分为过程纹理合成和基于样图的纹理合成两大类（邹昆等，2012）。

过程纹理合成通过对物体物理生成过程的仿真直接在曲面上生成纹理，如毛发、云雾、木纹等，从而避免了纹理映射带来的失真。这种方法可以获得非常逼真的纹理，代表性的论著有 Dorsey 等（1999）。过程纹理合成技术避免了纹理映射带来的失真，在许多种纹理中都获得了非常逼真的效果。但是，该技术不但计算量大，合成速度慢，而且，对于每一种新的纹理，都需要调整参数反复测试，非常不便，有的甚至无法得到有效的参数。

基于样图的纹理合成，是近几年迅速发展起来的一种新的纹理合成技术，它基于给定的小区域纹理样本，按照表面的几何形状，利用各种纹理合成算法拼合生成整个曲面的纹理，因而它在视觉上是相似而连续的。基于样图的纹理合成技术不仅可以克服传统纹理映射方法的缺点，而且避免了过程纹理合成调整参数的烦琐，因而受到越来越多研究人员的关注，成为计算机图形学、计算机视觉和图像处理领域的研究热点之一（Ashikhmin，2001）。

基于样本的纹理合成方法按照样本纹理类型可分为：随机纹理合成、半规则纹理合成和规则纹理合成，按照合成方式的不同可分为：基于像素的纹理合成、基于块的纹理合成、基于最优化的纹理合成，按照生成目的不同可分为：约束纹理合成、视频纹理合成、动态纹理合成、几何纹理合成、流体纹理合成、全局变化纹理合成，等等。在众多纹理合成方法中，基于马尔科夫随机场的纹理描述模型的纹理合成方法取得了较好的效果，且大多数传统算法都是在基于马尔科夫随机场模型上进行的研究。典型纹理合成算法是在纹理图像的马尔科夫随机场模型定义下实现的，如基于像素拷贝的方法、基于块拷贝的方法以及基于滤波器采样模型的方法。早期的纹理合成方法参照超分辨率图像生成模型的方法来生成纹理，因此基于滤波器采样模型的方法使用比较多，后期基于像素或者块拷贝的方法越来越被重视。基于像素和块拷贝的方法都是以马尔科夫随机场描述纹理图像为前提的。马尔科夫随机场模型是由一维马尔科夫随机过程扩展到二维图像而来。

在基于马尔科夫随机场模型的纹理合成过程中，待生成像素基于以下两条假设：一是待生成纹理单元仅依赖于其局部的邻近像素或者块，二是这种依赖性对于每个待生成像素或者块是相同的，即具有平稳统计性。基于像素和基于块的纹理合成方法都是以 L 型邻域为基本搜索匹配单元，L 型邻域的大小由用户自己定义。在输入样本纹理中进行搜索匹配，当匹配到最好的区域后就将对应像素或者块复制到生成纹理中，基于像素和基于块的纹理合成方法除了在生成概念中生成基本单元不同之外，基于块的纹理合成还要考虑去块效应问题，即块融合技术，该技术也是基于块的纹理合成中一个很重要的研究点。

基于像素的纹理合成算法步骤如下：

（1）用随机噪声初始化待生成的合成纹理，按照扫描顺序（一般为 Z 字扫描）取出当前待生成像素点的 L 邻域（L 邻域的大小由用户自定义）。

（2）根据 L 邻域的最小误差准则，在输入样本纹理中搜索最相似像素点。

（3）将搜索匹配到的像素点拷贝至生成纹理对应待合成的像素位置处。

重复步骤（2）和步骤（3），直到生成整个纹理图像。基于像素的纹理合成方法相对于基于块的纹理合成方法局部特征保持得比较好，这是因为搜索匹配过程中的基本单元为像素，这一点更符合 MRF 模型中局部概率密度的概念，而且基于像素的方法不会出现明显的边界痕迹。但是其合成速度很慢，这种逐个像素搜索、匹配、生成的方式不可避免地会加大计算量。而且由于逐个像素拷贝会导致忽视纹理特征的整体性及全局性，更大限度地体现出了 MRF 模型的局限性。

基于块的纹理合成算法步骤如下：

（1）按照扫描顺序（一般为 Z 字扫描）取出当前待生成像素块的 L 邻域（L 邻域的大小由用户自定义）；

（2）根据 L 邻域的最小误差准则，在输入样本纹理中搜索最相似纹理块；

（3）计算搜索匹配到的纹理块和已经合成纹理块在重叠区域的误差，并找到最佳分割路径作为新的纹理块的边界，将新的纹理块拷贝至生成纹理对应待合成的像素位置处。

重复步骤（2）和步骤（3），直到生成整个纹理图像。在步骤（3）中，需要计算一条最优边缘，来去除块效应。经典的边缘计算方法为小误差路径法（Minimum Error Boundary Cut，MEBC）。具有垂直重叠的两个纹理块，1B 为已经生成的纹理块，2B 为待生成纹理块，两条虚线之间为重叠区域，通过计算两块对应重叠像素值之间的误差值寻找出误差最小的路径，即保存垂直方向上在水平方向误差最小的像素位置。最小误差路径作为待拷贝纹理块的边缘。

基于块的纹理合成方法要比基于像素的纹理合成方法速度快些，在大尺度结构纹理上保持的也要稍微好一些，但是块的边界痕迹会很明显，在块匹配过程中出现的纹理结构错误是无法通过修复来去除的。此外，基于块的纹理合成方法还容易出现纹理合成样式单调的问题，在合成过程中，如果某一类纹理单元块过多地被计算为最优匹配单元，那么在大量拷贝生成这种纹理单元后会使生成纹理看上去很单调，缺乏变化，而当纹理单元的随机度越高的时候，这种单调性就越容易显现出来。

基于像素和基于块的纹理合成方法都可以与多分辨率算法进行融合，即通过建立图像金字塔的方式生成合成纹理，采用多分辨率的方法可以在低分辨率的图像上学习并生成纹理的宏观特征，在此基础上，在高分辨率图像上学习样本纹理的高频特征即细节部分，并生成纹理，基于像素的多分辨率纹理合成步骤如下：

（1）用随机噪声初始化生成纹理。

（2）分别建立样本纹理和生成纹理的图像金字塔，即对样本纹理和生成纹理分别下采样 N 次（用户自定义采样次数，假设目标纹理大小为 $n×n$，一般情况下 $N=\log2n$）。

（3）采用基于像素的纹理合成方法，并参照最低分辨率的样本纹理生成最低分辨率的生成纹理。

（4）将已经生成的低分辨的合成纹理上采样一次，并参照对应分辨率的样本纹理再一次生成样本纹理。

重复步骤（4）直到最高分辨率合成纹理生成。

基于块和基于像素的合成算法在搜索匹配过程中，由于起始搜索位置不同，每次的搜索结果很可能不同，这也是局部最优的体现之一。基于优化的纹理合成方法一定程度上可以缓解这一情况。基于优化的纹理合成方法的基本思想是：仅在第一遍扫描时在部分邻域范围内进行搜索匹配，并完成目标纹理的初始化；然后使用完整的邻域进行搜索匹配，并不断优化合成的纹理质量。基于优化的纹理合成方法很适合与多分辨率分析法进行结合来生成合成纹理。与多分辨率方法结合的基于优化的纹理合成方法的核心是在多分辨率图像上多次迭代进行合成，每次迭代时，当前待生成纹理单元以及待匹配的样本单元的邻域全部来自上一次迭代结果。除了与多分辨率方法进行融合外，还有使用能量最小化的纹理优化合成方法。该方法中将相似度函数记为能量，该方法执行分为两步：第一步，在样本纹理中搜索与目标纹理中纹理元最匹配的纹理元，设匹配的结果为 iq；第二步，根据新匹配到的每一个纹理元生成新的纹理元。如果生成纹理中出现重叠，则根据输出纹理的能量最小时求得像素值，即对能量值求导，然后计算得到对应的像素值。重复这两步直到 iq 值不变时，整个输出纹理随即收敛，算法停止。

在多区域图像纹理替换模型中，区域纹理合成是指二维图像纹理合成。二维图像纹理合成的主要内容是根据输入样本纹理，研究一种算法生成与输入样本纹理在视觉上相似又有足够变化的任意面积的输出纹理图像。二维纹理合成的研究已经在合成速度、合成质量和合成效果多样性等方面取得了丰硕的成果。其进一步的目标是：提高合成质量；提高合成速度；合成更多的纹理效果。二维图像纹理合成算法可以归为两类：一种采用马尔科夫随机场（MRF）模型；另一种基于特征匹配方法。

基于 MRF 模型的纹理合成方法又可细分为基于点和基于块的方法。基于点的纹理合成算法每次合成一个像素点，需要大量的计算时间。对于随机性较强的纹理取得了令人满意的合成效果，但对结构性较强的纹理的合成效果往往不是很理想。基于点的纹理合成算法可以控制每个像素的值，因此它更加适合约束纹理合成。典型的基于点的纹理合成算法有 Efros 和 Leung（1999）提出的非参数采样算法；Wei 和 Levoy（2000）提出的基于点的 L 形邻域搜索纹理合成算法等。

基于块的方法加快了纹理合成的速度，可以较好地保持纹理全局结构特征，但会在相邻块之间引入局部人工痕迹。各种基于块的纹理合成算法的不同往往在于它们处理重叠区域和生成拼接块的策略不同。各种方法都有自己的优势与不足。典型的基于块的纹理合成算法有微软研究院的 Xu 等（2000）提出的基于 Chaos Mosaic 的纹理合成算法；Efros 和 Freeman（2001）提出的通过计算纹理块重叠区域的边界误差进行匹配，并用最小误差路径实现纹理块缝合的 Image Quilting 算法；Liang 等（2001）提出的基于块采样的纹理合成算法；Cohen 等（2003）提出的通过拼接 Wang Tiles 实时合成纹理的算法。

笔者使用的纹理合成算法是 Efros 和 Freeman（2001）提出的 Image Quilting 算法。继在 ICCV'99 上发表影响较大的非参数采样的纹理合成 Efros 后，Efros 在 2001 年的 SIGGRAPH（计算机图形图像特别兴趣小组）会议上提出了一种基于块拼贴的纹理合成算法 Image Quilting 算法，比起以往的算法，该算法在纹理合成的时间、合成纹理的视觉效果方面都得到了很大的提高，避免了以往算法容易引起模糊、纹理基元错位严重等问题。

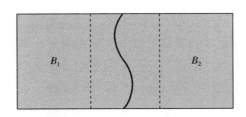

图 3-5 Image Quilting 中的重叠块的拼接示意图

在输入样图中任取一块 B_1，放在输出图像中，然后在输入样图中查找 B_2，使 B_2 放入输出图后与 B_1 有一定的重叠，且匹配边界误差控制在一定的范围内；接着在 B_1 与 B_2 的重叠区域找出一条误差最小的路径作为 B_2 的边缘，把 B_2 贴入合成图中，如图 3-5 所示。反复重复以上过程，获得合成纹理图。误差最小的路径通过以下方法进行计算：

假设 B_1 与 B_2 沿垂直边重叠，重叠区域为 B_1^{ov}，误差曲面定义为 $e = (B_1^{ov} - B_2^{ov})$。通过公式（3-10）获得重叠区域最后一行的各点误差。

$$E_{i,j} = e_{i,j} + \min(E_{i-1,j-1}, E_{i,j-1}, E_{i+1,j-1}) \tag{3-10}$$

取误差最小的一点，反向跟踪获得最佳分割路径。对于水平方向的重叠，可以采用类似的方法获得。当水平与垂直方向都有重叠时，两条路径会在中间相遇，选取误差最小的路径作为分割边界。由上述算法可知，该算法不仅很简单，而且合成效果很好。该算法存在的问题是有时纹理会出现过多的重复，有些边界不匹配。因此，在实验时应该避免此类问题的出现。

3.5.2 区域轮廓重构

区域轮廓曲线能够通过多项式函数来描述，多项式函数定义如下：

$$y = p_0 + p_1 x + p_2 x^2 + \cdots + p_m x^m \tag{3-11}$$

其中，多项式系数 p_0，p_1，$\cdots$，p_m 在轮廓结构特征提取阶段已经得到。依据两个端点的 X 方向的坐标，例如 x_m 和 x_n，很快就能得到横坐标向量 $\vec{x} = \{x_m, x_{m+1}, \cdots, x_n\}$，向量中的每一个元素和轮廓曲线上的每一

个点的 X 方向的坐标是一一对应的。把公式（3-11）中的横坐标向量 $\vec{x}$ 中的每一个元素都替换成相应的纵坐标向量中的每一个元素，那么就可以得到轮廓曲线上每一个点的 Y 方向的坐标。这样的话，根据轮廓曲线上每一个点的横、纵坐标，就可以重建区域轮廓。

同时，为了保证重建的区域轮廓曲线是封闭的，笔者采用一个简单的膨胀算法。膨胀与腐蚀是形态学处理中的基本操作，而开运算和闭运算则是将膨胀和腐蚀两个操作进行组合。具体来说：开运算是对图像先腐蚀再膨胀，可以消除图像中的细小毛刺和伪边缘，同时对于目标的背景噪声具有较好的清除效果；闭运算则是对图像先膨胀后腐蚀，可以在几乎不改变目标面积的情况下连接断开的边缘。对于边缘检测后的图像，通过开闭运算能取得较好的轮廓提取效果，但由于检测效果、光照等因素的影响，图像内部经常会出现一些不规则的空洞，对于轮廓提取造成了较大的困难，而这些空洞又很难通过开闭运算来完全填补，为此本节通过区域填充法来填充无意义的空洞，其原理如下：首先，选择一个图像像素，判断该像素点与周围像素点的差值，将差值小于设定阈值的像素点加入空洞内；其次，以加入的像素点为参考点重复上述步骤，直至没有像素点加入空洞内。为获得最佳的形态学处理效果，本节首先对图像进行闭运算来获得完整的边缘曲线，其次对图像内的空洞进行区域填充操作，最后通过开运算消除噪声，获得完整准确的目标边界。

3.5.3　图像重建

把合成的区域纹理填充到重建的区域轮廓中，就实现了区域恢复，当图像中的所有区域都被成功地恢复，就意味着完成了多区域图像重建。为了便于更加直观地理解多区域图像纹理替换模型的各个功能模块，图 3-6 展示了各个阶段的执行结果；图 3-6（a）所示的原始图像被分割为两个区域——上区域和下区域，如图 3-6（b）所示；图 3-6（c）展示了重构的上区域轮廓；图 3-6（d）展示了膨胀处理后的上区域重构轮廓；图 3-6（e）展示了重构的下区域轮廓；图 3-6（f）展示了膨胀处理后的下区域重构轮廓；图 3-6（g）是指上区域的合成纹理；图 3-6（h）是指下区域的合成纹理；图 3-6（i）给出了重建图像。

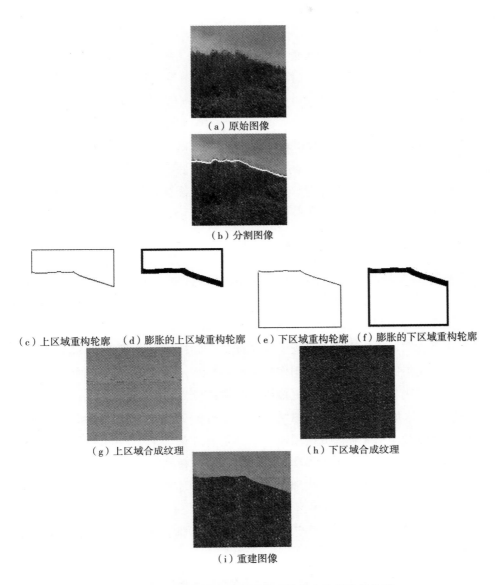

（a）原始图像

（b）分割图像

（c）上区域重构轮廓　（d）膨胀的上区域重构轮廓　（e）下区域重构轮廓　（f）膨胀的下区域重构轮廓

（g）上区域合成纹理

（h）下区域合成纹理

（i）重建图像

图 3-6　多区域图像纹理替换模型的各个阶段执行结果

3.6 实验结果与分析

笔者使用包含大量纹理的自然场景图像作为测试多区域纹理替换模型的实验图像。在多区域提取模块中，为了使图像同质检测发挥良好的性能，设置三个参数：TQUAN = −1，NSCALE = −1，Threshcolor = 0.8。在分段迭代曲线拟合阶段，分裂阈值通常在 5~10 取值。这里，JPEG 的版本是 JPEG Imager2.1.2.25，JPEG2000 的版本是 Kakadu_ V2.2.3。在每一个实验图像的多区域纹理替换编码实验中，在相同的条件下都进行了 20 组仿真实验，取其中一组实验结果。为了表述方便，多区域图像纹理替换模型被称之为 MRITS Model。

3.6.1 图像重建质量分析

图 3-7 给出了多区域条件下更多实验结果。图 3-7（a）、图 3-7（b）、图 3-7（c）、图 3-7（d）和图 3-7（e）都给出了两个重建图像。从人类视觉观察角度分析，在图 3-7（a）中，与 2 区域重建图像相比，4 区域重建图像更逼真，更接近于原始图像；同样地，在图 3-7（b）中，4 区域重建图像比 2 区域重建图像更像原始图像；在图 3-7（c）中，3 区域重建图像比 2 区域重建图像更像原始图像；在图 3-7（d）中，4 区域重建图像比 2 区域重建图像更像原始图像；在图 3-7（e）中，4 区域重建图像比 2 区域重建图像更像原始图像。原因是前者获得了更多的原始图像纹理特征信息，这也正是笔者提出多区域图像纹理替换模型的原因之一。可以预见，对原始图像而言，纹理区域个数越多，则其重建图像就越逼真。

分析图 3-7 展示的多区域图像重建结果可知，多区域图像纹理替换模型重建图像存在或多或少的视觉损伤，造成这种视觉损伤的原因如下：

（1）区域重建轮廓失真。但是，区域重建轮廓失真是不明显的。

（2）非纹理细节信息的丢失。这是引起多区域图像纹理替换模型重建图像视觉损伤的主因。

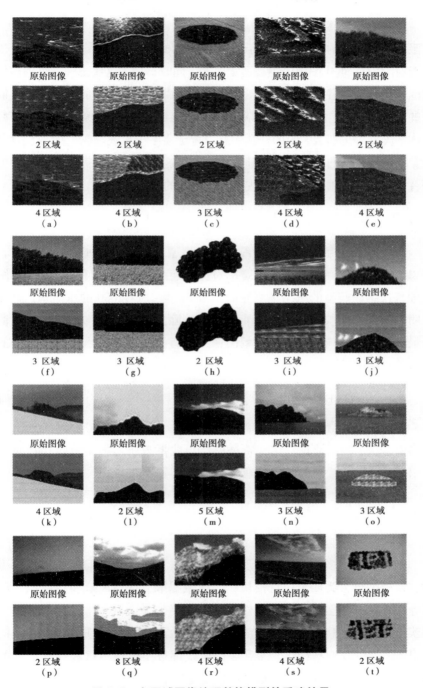

原始图像　　原始图像　　原始图像　　原始图像　　原始图像

2 区域　　　2 区域　　　2 区域　　　2 区域　　　2 区域

4 区域　　　4 区域　　　3 区域　　　4 区域　　　4 区域
（a）　　　　（b）　　　　（c）　　　　（d）　　　　（e）

原始图像　　原始图像　　原始图像　　原始图像　　原始图像

3 区域　　　3 区域　　　2 区域　　　3 区域　　　3 区域
（f）　　　　（g）　　　　（h）　　　　（i）　　　　（j）

原始图像　　原始图像　　原始图像　　原始图像　　原始图像

4 区域　　　2 区域　　　5 区域　　　3 区域　　　3 区域
（k）　　　　（l）　　　　（m）　　　　（n）　　　　（o）

原始图像　　原始图像　　原始图像　　原始图像　　原始图像

2 区域　　　8 区域　　　4 区域　　　4 区域　　　2 区域
（p）　　　　（q）　　　　（r）　　　　（s）　　　　（t）

图 3-7　多区域图像纹理替换模型的重建结果

由人类视觉感知理论与视觉显著性理论（详见 2.3 节与 2.4 节）可知，人眼对平滑区域的敏感性远高于纹理密集区域，从而在一定程度上降低了观察者对 MRITS 重建图像的主观视觉误差。同时，如果这些由大量纹理构成的多区域图像纹理替换模型重建图像被用于构成图像或视频的静止背景，而图像的前景是骏马、苍鹰或美女等，视频的前景是飞驰的猎豹、飞翔的苍鹰或游泳的美女等，那么人眼的视觉注意力肯定集中于上述前景，而静止背景的视觉关注度是低的，尤其是纹理静止背景。这也正是笔者提出多区域图像纹理替换模型的原因之一，即实现图像或视频的静止背景。

3.6.2 压缩率对比分析

表 3-1 给出了多区域图像纹理替换模型重建图像时所需的字节数，并和 JPEG、JPEG2000 进行了压缩率对比。通过码流对比可知，多区域图像纹理替换编码模型的压缩率明显低于 JPEG 与 JPEG2000 的压缩率，这充分说明多区域图像纹理替换模型能有效地消除人类视觉感知冗余，并保留人眼最关注的信息内容。在多区域图像纹理替换模型中，重建图像所需的字节数的计算公式如下所示：

$$A = \sum_{i=1}^{N} (Q_i + T_i) \tag{3-12}$$

其中，A 是指重建图像所需的总字节数；N 是指区域个数；Q_i 是指表征索引号为 i 的区域轮廓结构特征的多项式系数所需的字节数；T_i 是指在索引号为 i 的区域中截取的纹理样本所需的字节数。

3.7　本章小结

本章提出了多区域图像纹理替换模型（MRITS Model）。多区域图像纹理替换模型可分为四个执行模块：多区域提取、区域轮廓特征提取、区域纹理样本选择和多区域图像重建。实验表明，多区域图像纹理替换模型能够获得良好的重建质量，而且纹理区域个数越多、重建质量就越好。同时和 JPEG、JPEG2000 相比，多区域图像纹理替换模型不仅能得到更大的压缩率，而且能保留人类视觉最关注的图像信息。

表3-1　MRITS 与 JPEG、JPEG2000 的码流对比

原始图像		图3-7(b) 2区域	图3-7(b) 4区域	图3-7(c) 2区域	图3-7(c) 3区域	图3-7(g) 3区域	图3-7(h) 2区域	图3-7(l) 2区域	图3-7(m) 5区域	图3-7(r) 4区域
JPEG	Bytes	28954	28954	39512	39512	15876	39656	6197	6822	11335
JPEG2000	Bytes	25538	25538	29475	29475	12553	30988	5364	6752	9393
MRITS	Q　T	832　8772	2944　9396	1248　7548	2848　8649	1344　3591	1664　13872	832　2156	1504　3556	1760　3972
	Bytes	9604	12340	8796	11497	4935	15536	2988	5060	5732
MRITS/JPEG (%)		33.17	42.62	22.26	29.1	31.08	39.18	48.22	74.17	50.57
MRITS/JPEG2000 (%)		37.61	48.32	29.84	39.01	39.31	50.13	55.7	74.94	61.02

本章根据区域特征表达模型理论，建立了多区域图像纹理替换模型。但是，在多区域图像纹理替换模型中，由于区域特征提取及重建阶段计算量大、计算复杂，导致多区域图像纹理替换模型的执行时间过多，从而很难满足实时应用的时间约束。今后，仍需要研究的方面有：

（1）现有的多区域图像纹理替换模型计算量大、计算复杂，严重制约该编码模型的实时应用。如何开发该模型的并行算法，有效降低执行时间，满足实时性要求。

（2）现有的多区域纹理替换模型只适用于静止图像。如何开发适用于数字视频的多区域纹理替换模型。

4

多区域视频纹理替换模型

4.1 引言

视频压缩编码的目的是在保证一定重构质量的前提下，以尽量少的比特数来表征视频图像信息。传统混合视频编码框架通常采用预测编码、变换编码及熵编码技术，通过消除视频序列中的时间冗余、空间冗余和统计冗余，实现数据压缩的目的。传统混合视频编码技术在利用视频数据冗余方面几乎已经做到极致，进一步提高势必意味着指数级增加的运算复杂度。因此，研究者自然将目光投向了人类视觉感知冗余。

目前，利用人类视觉系统的心理和生理特性，通过消除视觉感知冗余来获得更高压缩率的视频压缩编码技术研究已经取得了很大进步，并且出现了一些编码方法，然而这些编码方法具有一定局限性或仅适用于某些特定场合。其原因是人类视觉系统是一个极其复杂的系统，而且，人类视觉系统从眼睛接受外界视觉刺激，到人们产生反应和相应的行为也是一个非常复杂的过程。因此，有效消除视觉感知冗余的视频编码问题并没有一个统一的解决方法，还存在很多问题需要研究。

本章根据动态纹理学习与合成模型和第 3 章提出的多区域图像纹理替换编码模型，提出了多区域视频纹理替换编码模型。本质上讲，多区域视频纹理替换模型是一种新的、简洁可靠的动态背景重建方法，以实现任意时长、不重复的动态背景。

4.2 动态纹理概念

动态纹理是表现动态场景的某种固有特性的视频序列，即在时间上显示出相关重复特征。这类具有时间相关重复特征的视频序列在自然界中广泛存在，包括海水波纹、烟、流水、旋风，瀑布、喷泉、火焰、叶片纹理、飘扬的旗帜、摇曳的树叶、旋涡、飞翔的鸟群、说话的面部表情、交通场景等。图 4-1 所示为几种常见的动态纹理的实例。随风摇曳的草丛、湖水波纹、火焰等都是自然界中动态纹理的代表。动态纹理与二维纹理的区别在于，后者考察的对象仅仅是单一的纹理图像，而前者是由一幅幅静态纹理图像组成的，并且前后帧之间表现出一定的统计关系。因此，动态纹理可以看作是二维纹理在时间域上的扩展。

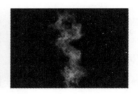

图 4-1　自然界中动态纹理的代表

动态纹理描述的是在时间上呈现某种平稳特性的运动图像序列，如海浪、烟雾、大片的树叶等。动态纹理是一个包含运动信息的图像序列，并且序列在各个时刻所表现的静态纹理之间隐含着一定的内在时域相关性。对于静态纹理，可以在确定的结构模型之上建模，但大多数方法是建立在某种统计模型之上的。对于纹理的动态模型，针对纹理的特定物理运动过程，可以将动态纹理建模为一个物理过程，但计算复杂度高，这是一种方法。而描述动态纹理的另一类方法是建立在时间和空间上具有相关性的动态模型，如多分辨率分析（Multi-resolution Analysis，MRA）、时空自回归（Spatio-temporal Auto-regressive，STAR）模型等。本节针对动态纹理自身所具有的特性，研究动态纹理的构成、表示以及学习算法。

动态纹理可简单描述为某种动态景观的具有时间相关重复特征的图像

序列（刘洋等，2014）。它在视频制作、虚拟仿真、虚拟漫游中具有重要的应用价值。从系统的角度，动态纹理只是描述某种动态景观的系统的输出图像序列，该系统模型称为动态纹理模型。动态纹理总是和描述它的动态系统同时存在，只要模型能力允许，动态纹理可以是任意长度的、实时输出的，这一点对于动态纹理的应用具有重要的意义（Bar-Joseph et al.，2001）。由于模型表示能力的局限性，通常要求输入和输出图像序列具有稳定的内容和一定程度的运动形态重复特征。同样表现动态场景，动态纹理和具有固定长度的一段视频不同，后者可以看作是前者的一个样本。

近年来，国内外对于视频序列中动态纹理的研究出现了很浓厚的气氛，由于动态纹理本身的特点，使它不同于传统的纹理研究。最近，已经有研究人员成功地将计算机视觉中的方法（如光流估计法和特征跟踪法）应用到流体的识别上面。物理的属性对图像处理的多重影响是显而易见的。对视觉处理人员来说，如何将物理运动属性用数学的方法描述出来是一个具有挑战性的问题。动态纹理展示了数据上的规律性，但是又存在时空边缘上的不确定性。动态纹理不同于静态纹理的一大特点就是它的未知的时空边缘。这个差异不仅仅来自于增加的维数，还与动态纹理本身的极大的模糊性有关。而动态纹理比如火或烟的视频序列之所以难以识别就在于它们在视觉上可见的空间边缘不断变化并且难以区分，而且有可能是透明的，这带来的一个问题就是需要将它和背景纹理区分开来。而这些问题在传统的纹理分析中并没有涉及。

目前，研究动态纹理比较流行的方法是基于光流的方法，包括计算时空域里的几何属性，以及基于本地或全局的时空过滤和时空转换等方法；另外还有一些是基于模板匹配的方法，通过模板参数比如特征等来进行估计。到目前为止大多数的动态纹理研究工作都是采用法向流的方法，一方面由于这种方法已经有比较成熟的先例，另一方面这种方法也具有简便性和快速性。它帮助人们把对动态纹理的分析变为对一系列可以看成静态纹理的临时运动模式的分析。如果有必要，图像纹理特征也可以加入运动特征当中，从而形成一个完全的特征集提供给基于运动的识别。

目前，和动态纹理相关的几项工作对所研究的对象各自提出了不同的称呼和定义，除了动态纹理（Doretto et al.，2003）外，还有时间纹理和视频纹理，它们只是从不同的角度描述了动态纹理的特征，定义了动态纹理的一个子集或者等价集合。光流法在模式识别、计算机视觉以及其他图像处理的应用中非常有用。光流不仅携带了被观察物体的运动信息，还携带了被观察物体的三维结构、传感器参数非刚性物体的局部弹性形变，甚至流体运动的矢量结构特征等大量丰富的信息。通过光流人们可以了解目标物体的很多重要的运动特性，在运动图像分析和计算、目标识别、运动跟踪以及视频检测等许多方面光流都扮演着非常重要的角色。

第一类方法，使用物理模型进行仿真。在计算机图形学中，对于动态纹理的模拟多使用物理模型进行仿真。这类方法需要对不同的动态纹理使用微分方程在频率域上建立物理模型，从而达到对动态纹理的分析与模拟。该类方法的代表之一是 Chuang 等（2005）发表的一篇动态纹理应用的文章。使用物理模型来模拟动态纹理通常都可以获得非常好的视觉效果；同时，使用物理模型也能更方便地对动态纹理进行编辑。但是，基于物理模型的动态纹理最大的缺点是使用物理模型来渲染动态纹理非常耗时，因此很难应用到动态纹理的实时应用中；此外，每一种物理模型都只能模拟一种动态纹理，故当需要研究新的动态纹理的时候，就需要建立新的物理模型。

第二类方法，时间序列分析方法。时间序列分析方法主要是指采用参数模型对所观测的有序的随机数据进行分析与处理的一种数据处理、系统辨识和系统分析方法。通过研究、分析与处理时间序列，提取有关的信息，揭示时间序列本身的结构和规律，认识相应系统的固有特性，掌握系统同外界的关系，推断系统及其行为的未来情况。把动态纹理当作时间序列分析，应用自回归运动平均（ARMA）模型或者 ARMA 模型的扩展形式进行研究。由于把产生动态纹理的动态系统看作一个"黑箱"，时间序列方法避开了动态系统内部的复杂性，使该方法能够有效地合成复杂的动态纹理。遵循时间序列方法的研究思路，非线性、不稳定动态纹理和受控合成动态纹理将是今后研究的重点。这类方法主要包括时间纹理、动态纹理等。

Szummer 和 Picard（1996）提出的时间纹理模型可以算是该领域最早的，他们采用时空自回归（STAR）模型表示动态纹理，STAR 模型是自回归（AR）模型的三维扩展形式：

$$S(x, y, t) = \sum_{i=1}^{p} \phi_i S(x + \nabla x, y + \nabla y, t + \nabla t) + \partial(x, y, t)$$

$$(4-1)$$

其中，ϕ_i 是时间序列参数；$\partial(x, y, t)$ 是随机输入信号，实际假设为高斯白噪声；p 是模型阶数，实际上只验证了一阶和二阶模型。STAR 模型将动态纹理的数据表示为相邻数据的线性组合。∇x、∇y 和 ∇t 是像素在三个方向轴上的增量，三者确定了动态纹理中像素的三维相邻空间结构。为了简化模型参数的估计，假设像素间存在因果关系。加入因果关系约束后，动态纹理中的任一像素只能表示为非对称空间的像素的线性组合，这使模型应用于包含对称运动的动态纹理时遭遇失败，而且 STAR 模型需要处理庞大的三维相邻数据。

第三类方法，介于基于物理模型的仿真方法和时间序列方法之间，例如视频纹理。通过对动态纹理样本的分析，例如内容、相似性结构及运动结构等，找出视频序列的帧图像之间的约束关系，合成过程就是在约束关系下对视频帧图像播放次序的重组，还可以把外界控制也看作一种约束关系，为视频纹理加入人工交互能力。由于视频播放次序的重组总是要求切换帧之间必须相似，然而许多动态纹理不符合这一要求，因而成为此类方法难以跨越的障碍。因此，只有采用更好的相似性尺度或者图像间渐变技术，才能提高视频纹理的合成能力。

4.3 动态纹理模型

传统的背景差分法通常是把背景静止或者缓慢变化作为先决条件的，但是如果在某些特殊的条件下，背景呈现动态纹理情况，如飘动的烟雾、吹动的树枝、水面的波纹、天空中飞翔的鸟儿等，这使传统的方法无法达到运动目标预期检测的效果。因此，需要对这些具有动态纹理背景的场景进行建模分析，动态纹理建模分析是动态纹理识别技术、分割技术和合成技术中的首要工作。自然界中广泛存在的动态纹理其产生机制是很复杂的，因此，动态纹理的模型分析并不是一件容易的事。

动态纹理是静态纹理在时域上的一个扩展，它既包含了动态特征也包含了静态特征，在给定的一个视频序列中，相邻的每幅图像在形状或者内容上具有相似性，可以说具有相同的结构特征。但从细节上来讲，它们却不完全相同，即帧间存在着某种差异，这些差异主要是由于物体在运动过程中所产生的位移变换、形状变换以及环境中的光照变换等造成的，整体上的变化差异可以称之为动态纹理的一个动态特征变化。自然界中的运动可以大致分为刚体运动和非刚体运动，对于刚体运动的目标可以用一个简单的模型对其进行描述，但对于非刚体运动的目标也就很难使用一个简单的模型描述。

4.3.1 建模分析

动态纹理研究主要是针对视频中序列图像的运动分析，主要包括：视频运动目标的检测、视频分类、运动目标跟踪及运动目标识别等几个过程。其中，运动目标检测，主要是从图像序列中有效地把运动区域提取出来，像分类、跟踪和识别等后续处理的过程仅仅是对运动区域的图像进行的相应处理，因此对运动区域的分析是最重要的预处理工作。

运动目标区域分析的方法有很多，其中对场景进行背景建模的思想较为常用。视频中运动目标检测的难点在于以下几点：①运动遮挡处理。目标在运动时被景物遮挡，多个目标运动时相互遮挡，运动目标自身遮挡等。②运动阴影处理。目标在运动时，自身的阴影经常与其相连，产生了拖影的效果，给运动的检测带来了难度。③干扰目标处理。目标在运动时，往往有其他不感兴趣的目标在运动，或者其他干扰物的运动，如树枝的摆动、浮在水面上的鸭子、天空中飞行的鸟等。

在动态纹理分析中，运动状态分析也非常重要，因为在监控感兴趣的目标时，相机与目标的相对运动密切相关。在实际应用中，相机与场景中的目标相对运动状态存在以下几种情况：

（1）相机静止——目标运动。这类主要描述的是动态场景中目标的变化，以及静态场景中目标的变化。常应用于目标检测、目标跟踪、目标分类等方面。

（2）相机静止——目标静止。这实际上就是一个静态场景的目标检测，采用的处理方法就是静态图像的处理方法，常应用于显著性目标检测，如人脸识别、虹膜识别等方面。

（3）相机运动——目标静止。该类主要应用于机器人视觉导航和三维场景重建等方面。

（4）相机运动——目标运动。该类是最复杂的情况，常应用于军事目标的定位，如装置在飞机和卫星上的监控系统。

4.3.2　时空建模

视频动态纹理，是一种在时域和空域上变化的视觉模式，描述的是视频序列的一个变化过程，在时间上和空间上表现出重复稳定性的一面，如气势磅礴的波浪、熊熊燃烧的大火、摆动的树枝和行走的人群等。对这些运动模式在时空方向上的建模处理是视频动态纹理研究的核心内容，是动态纹理检测、分割、人工合成和其他应用的基石，其最终目的是对动态纹理的复杂运动进行描述和特征提取。

动态纹理的时空建模通常考虑的是把视频序列的运动和结构进行分解分析，其关键着手点在于从时空结构进行建模处理，为了获取时空方向能量和纹理的潜在动态特性，需要一个时空滤波器对其序列进行处理。将视频序列视为三维时空中的方向，用具有方向选择性的滤波器进行选择。滤波器的响应能有效刻画出每个位置处的运动信息，因此称之为运动能量模型。

Derpanis 和 Wildes（2012）扩展了基于可分离导向滤波理论，很大程度地提高了滤波的效率。将一个三维滤波器分解成三个独立的一维滤波器，即分别沿着轴方向进行滤波，这种可分离导向滤波器相对不可分离的导向滤波器在计算效率上具有很大的优势，这就为基于时空方向能量的时空建模处理奠定了方法基础。时空方向能量描述了视频序列的时空域特征，当导向滤波器的对称轴（滤波器方向）平行于图像平面时，则该方向的能量刻画了对象表面的空域纹理信息；当导向滤波器滤波方向延伸到时间轴时，此时该方向的能量则反映的是局部动态特征。

为了整体刻画出动态纹理这一特殊的运动形式，可以使用分布式时空方向能量进行总体描述，在这种前提背景下，视频被表示为空间中的立方体。对于时空区域内多向的能量直方图，即时空方向能量分布，可以被用作区域运动的描述，进行多种运动分析任务。动态纹理的时空建模分析是动态纹理研究的核心，是动态纹理检测、分割、合成等应用的基石，其目的是对动态纹理的复杂运动过程进行描述。简而言之，这些时空方向能量表达是具有方向选择性的正交带通滤波器在视频序列上的一个响应。

4.3.3　马尔科夫随机场

马尔科夫随机场模型逐渐成为一个研究方向，因为该模型已被广泛应用于计算机视觉领域，如纹理分类、纹理识别以及纹理分割等领域。该模型的理论是，在一些由点构成的组之间，定义一些局部能量，再定义一组局部能量之间的点，以此反映出灰度级之间的相互作用，下面将介绍具体处理过程。

一维的马尔科夫随机过程描述的是在随机过程中，当前点与该点之前一个点的状态关系过程，该条件概率完全确定了该过程的统计特性，可以看出该过程是一维的，明显可以看出某点的概率只与该点前一个点的概率相关。

二维的马尔科夫随机过程可以用作描述像素之间的某种空间相关性，也称为马尔科夫随机场。对于二维空间上的图像，可以将其看成一个二维随机场，全局概率可以通过图像的某种似然概率，以及一个位置上的某个值的条件概率方式，来测量一个灰度级与图像其他区域的相关性。最常用的马尔科夫模型是 Ising 模型，此模型适用于贴有标签的图形，不同的标签代表不同的分类图像，比如考虑标签的分类：烟火、车辆、行人和森林等。

4.3.4　学习与合成模型

目前，大部分动态纹理模型都是基于一种线性动力系统的简单模型。使用线性动力系统来学习、合成动态纹理的主要目的是通过学习或识别模型的参数从而预测并将有限长度的输入动态纹理视频扩展到无限长的输出。在学习的过程中，要保证学习到的参数满足最大似然估计或者最小预测错误率的标准。同时，还要保证最终合成的动态纹理序列与输入视频序列保持相似的动态特性。因为线性动力系统表示简单并能很好地描述动态特性，故线性动力系统非常的实用。

多区域视频纹理替换模型采用了 Doretto 等（2003）提出的动态纹理学习与合成模型。该模型以视频帧为处理单元，从而避免了 STAR 模型中的空间因果约束，也不要求视频序列图像满足宽平稳特征，使该模型能够合成更为广泛的动态纹理。

4.3.4.1　动态纹理定义

设定 $\{I(t)\}_{t=1,\cdots,\tau}$，$I(t) \in R^m$ 表示一段视频序列。假设在任意时刻 t 都可以测出一帧图像伴随的噪声 $\omega(t)$，而且实际观测的视频帧为 $y(t)$，$y(t) \in R^m$。则伴随噪声的每一帧视频图像可表示为 $y(t) = I(t) + \omega(t)$，其中 $\omega(t) \in R^m$ 服从已知独立同分布 $P_\omega(\cdot)$。假设 $x(t) \in R^n$ 的定义如下：

$$x(t) = \sum_{i=1}^{k} A_i x(t-i) + Bv(t) \tag{4-2}$$

其中，$v(t) \in R^{n_v}$ 是密度为 $q(\cdot)$ 的独立同分布（Independent Identically Distributed，IID）过程；矩阵 $A_i \in R^{n \times n}$，$i=1$，$\cdots$，k；$B \in R^{n \times n_v}$，设定初始状态 $x(0) = x_0$。如果存在一组空间滤波器 $\phi_\alpha : R \to R^m$，$\alpha=1$，$\cdots$，n，使 $I(t) = \Phi(x(t))$，那么就把该视频序列 $\{I(t)\}$，$t=1$，$\cdots$，τ 称为线性动态纹理。未知分布输入的自回归运动平均模型可用来表达线性动态纹理，记作：

$$\begin{cases} x(t+1) = Ax(t) + Bv(t) \\ y(t) = \phi(x(t)) + \omega(t) \end{cases} \tag{4-3}$$

其中，$x(0) = x_0$，$v(t) \overset{IID}{\sim} q(\cdot)$ 未知，$\omega(t) \overset{IID}{\sim} p_\omega(\cdot)$ 已知，$I(t) = \Phi(x(t))$。

因此，ARMA 模型的输出可以表征动态纹理。而且，可以将定义由 $x(t+1) = f(x(t), v(t))$ 扩展到非线性模型，进而定义非线性动态纹理。上述定义动态纹理时提到的待选滤波器 ϕ_α，$\alpha=1$，$\cdots$，n 的选择是动态纹理学习过程的一部分。

4.3.4.2　动态纹理学习与合成模型

Doretto 等（2003）对动态纹理作了定义，并认为在动态纹理中单独观察其中的一幅幅纹理，它们都是由一个 IID 过程驱动的动力系统来实现的。其中一个这样的系统就是由离散的、具有白高斯噪声的线性动力系统模型表示的二阶的稳定过程（Shumway and Stoffer，2000）。系统的观察值或输入是一段 τ 长度的图像序列，用矩阵 $Y = [y(1), \cdots, y(\tau)] \in R^{m \times \tau}$ 来表示，其中每个帧图像都由一个列向量 $y(t) \in R^m$ 来表示，而隐藏在时间 t 的状态向量可表示为 $X = [x(1), \cdots, x(\tau)] \in R^{n \times \tau}$，其中 $x(t) \in R^n$。假定初始状态向量 $x(0)$ 是已知的，而观察值和状态参数都受到白噪声的干扰。则该模型的具体描述形式如下所示：

$$\begin{cases} x(t+1) = Ax(t) + Bv(t) \\ y(t) = Cx(t) + w(t) \end{cases} \tag{4-4}$$

其中，$v(t) \sim N(0, Q)$；$w(t) \sim N(0, R)$ 且 R 已知；$A \in R^{n \times n}$ 是状态转移矩阵；$C \in R^{m \times n}$ 是观测值矩阵，用于描述图像的外观信息。$v(t)$ 与 $w(t)$ 是两个随机变量，分别代表状态演化和观测噪声。$v(t)$ 与 $w(t)$ 不相关，并且与 x 和 y 都不相关。$v(t)$ 与 $w(t)$ 都是时域上的白噪声。这里令 $BB^T = Q$；$v(t) \sim N(0, I_{n_v})$，其中 I_{n_v} 是维数为 $n_v \times n_v$ 的单位矩阵。因此，该动态纹理模型可以由下列一组参数来完备表示：$\Theta = \{A, C, Q, x(0)\}$。

（1）学习过程。

动态纹理的学习过程也可称为系统确认过程。式（4-4）中线性动力系统模型的学习过程是根据观察值 $Y = [y(1), \cdots, y(\tau)] \in R^{m \times \tau}$ 来学习模型的参数 Θ。该学习过程可以数学化为求解 MAP 的问题，即该过程要最大化后验概率 $\max(P(A, C, Q | \{y(t)\}_{t=1,\cdots,\tau}))$。而且，$P(A, C, Q)$ 的概率是独立且均匀分布的，所以目标函数可以转化为最大似然估计的形式，即采用最大似然估计方法估计上述模型参数 Θ。但是，本文使用一种高效、简单的基于奇异值分解的近似方法来估计上述模型参数 Θ，并且在学习过程中对图像数据进行降维，以便提高学习速度。

（2）合成过程。

得到线性动力系统模型的参数集 Θ 后，可以根据初始状态向量 $x(0)$ 以及线性动力系统模型的已知参数来倒推输入的视频序列数据，理论上来说，可以在时间域上生成无限多的状态向量。然后，使用表征模型来合成新的纹理图像，最终合成的动态纹理图像序列与输入视频序列保持相似的运动特征。

4.4 多区域视频纹理替换模型

4.4.1 模型设计

多区域视频纹理替换模型的执行过程可分为以下四个阶段：

第一，视频序列中的每帧图像可分为静态区和动态区。

第二，第 3 章提出的多区域纹理替换模型应用于静态区。

第三，动态纹理学习与合成模型应用于动态区。同时，借鉴 H.264 压缩编码原理，在学习与合成之前，把静态区设置为 0，以提高压缩率和效率。

第四，融合纹理替换后的静态区和动态区，最终实现视频的多区域纹理替换。

图 4-2 给出了多区域视频纹理替换模型的结构框图。多区域视频纹理替换模型实质是一种新的、简易可靠的动态背景重建方法，能够重建任意时长、不重复的动态背景。

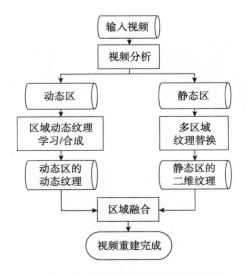

图 4-2　多区域视频纹理替换模型结构

4.4.2　多区域视频重建

为了便于更加直观地理解多区域视频纹理替换模型的各个功能模块，图4-3展示了各个阶段的执行结果。图4-3（b）展示了原始视频的静态区；图4-3（c）展示了原始视频的动态区；图4-3（d）展示了多区域纹理替换后的静态区；图4-3（e）展示了动态纹理合成后的动态区；最后，图4-3（f）给出了多区域重建视频。

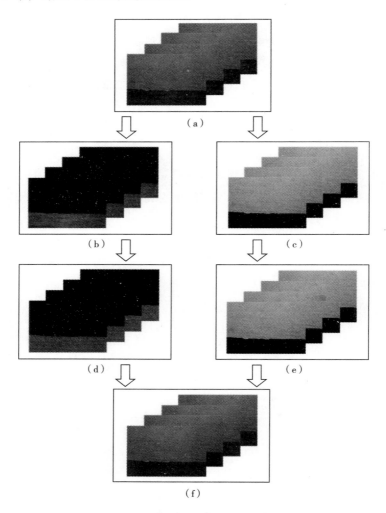

图 4-3　多区域视频纹理替换模型的各个阶段执行结果

4.5　实验结果与分析

笔者使用包含大量纹理的自然场景视频作为测试多区域视频纹理替换模型的实验视频。对于静态区，在多区域提取模块中，为了使区域图像同质检测发挥良好的性能，设置三个参数：TQUAN = -1，NSCALE = -1，Threshcolor = 0.8；在分段迭代曲线拟合阶段，分裂阈值通常在 5~10 取值。对于动态区，笔者使用动态纹理学习与合成模型。在每一个实验视频的多区域纹理替换实验中，在相同的条件下都进行了 20 组仿真实验，取其中一组实验结果。为了表述方便，多区域视频纹理替换模型可称之为 MRVTS Model。

图 4-4 给出了多区域条件下更多的视频纹理替换实验结果。图 4-4（a）、图 4-4（b）和图 4-4（c）均展示了各自重建视频中的连续 20 帧，其中奇数行是原始视频图像，偶数行是重建视频图像。从图 4-4 展示的多区域视频重建结果来看，原始视频与多区域视频纹理替换模型重建视频之间存在或多或少的误差，这主要是由区域合成纹理引起的，而区域重构轮廓的误差是不明显的。

由人类视觉感知理论与视觉显著性理论可知（详见第 2.3 节与第 2.4 节），人眼对平滑区域的敏感性远高于纹理密集区域，从而在一定程度上降低了观察者对多区域视频纹理替换模型重建视频的主观视觉误差。同时，如果这些由大量纹理构成的多区域视频纹理替换模型图像序列组成了视频的动态背景，而视频中的前景是奔驰的骏马、飞翔的苍鹰或游泳的美女等，那么人眼的视觉注意力肯定集中于上述运动前景上，而且当观察的前景目标运动加快时，人眼分辨力会突然剧烈下降，这些都使人眼对动态背景的视觉关注度降低。这正是笔者提出多区域视频纹理替换模型的原因，即实现任意时长、不重复、简易可靠的动态背景重建。

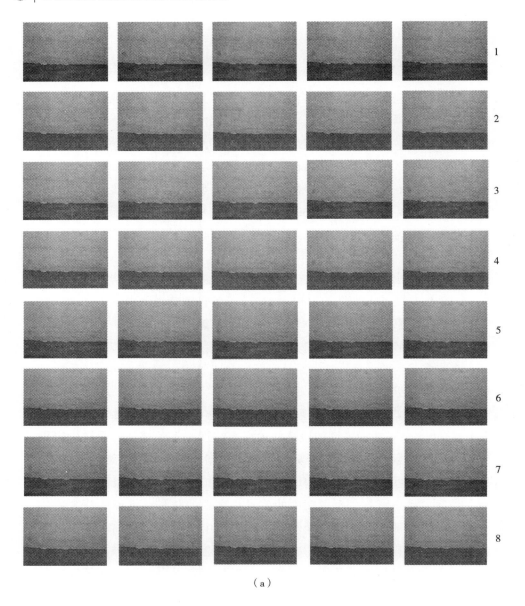

（a）

图 4-4　多区域视频纹理替换模型重建结果

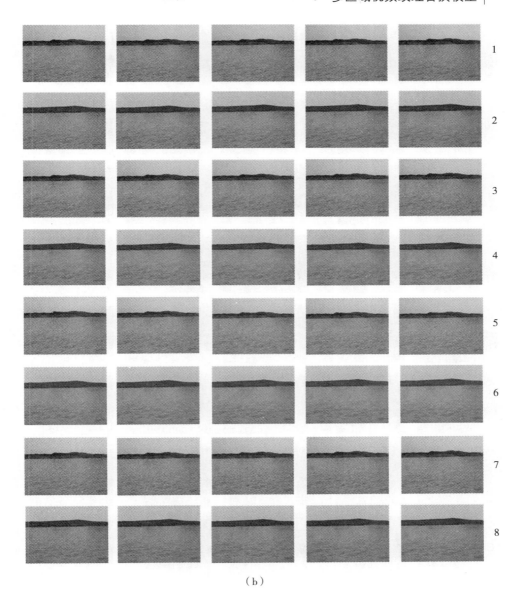

（b）

图 4-4 多区域视频纹理替换模型重建结果（续）

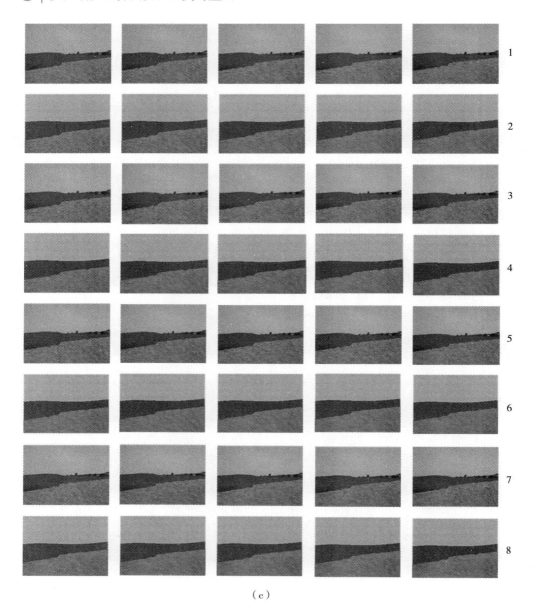

（c）

图 4-4　多区域视频纹理替换模型重建结果（续）

4.6 本章小结

本章建立了多区域视频纹理替换模型（MRVTS Model）。本质上讲，多区域视频纹理替换模型是一种新的、简洁可靠的动态背景重建方法，能实现任意时长、不重复的动态背景。在模型中，视频序列中的每帧图像可分为静态区和动态区；多区域图像纹理替换模型应用于静态区，而动态纹理学习与合成模型应用于动态区，同时借鉴 H. 264 压缩编码原理，在学习与合成之前，把静态区域设置为 0，以提高压缩率和效率。实验表明，多区域视频纹理替换模型不仅能获得良好的视频重建质量，而且能保留人类视觉最关注的视频信息。

5

多区域纹理替换模型的串行算法

5.1 引言

本章首先给出了多区域图像纹理替换模型的串行算法描述，再对该模型的串行算法实现程序进行分析。

5.2 串行算法设计及其代码

多区域图像纹理替换模型的关键思想是用区域轮廓结构信息和区域纹理样本来实现对图像的解析与重构。为方便后续章节的并行分析，图 5-1 给出了多区域图像纹理替换模型的执行流程。

给定待编码的原始图像 $image$，假设分辨率为 $M * N$，区域个数为 R，则多区域纹理替换编码串行算法描述如下：

Step1：提取多区域。

（1）对原始图像进行多区域提取操作，得到 R 个分割区域及其索引号列表。

（2）令 $R=1$。

Step2：提取区域轮廓结构特征。

（1）得到二值化图像，以便待编码区域的轮廓结构特征提取。

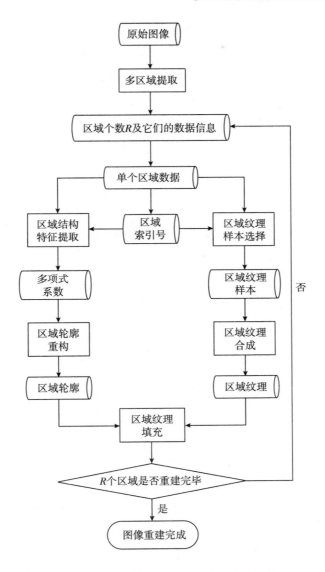

图 5-1 多区域图像纹理替换模型执行流程

（2）对待编码区域进行轮廓跟踪及下采样操作，从而得到描述该区域轮廓曲线的点组成的有序向量 (x_s, y_s)，其中，s 代表向量元素在轮廓曲线上的位置序号。

（3）执行分段迭代、曲线拟合操作，从而得到代表该区域轮廓结构特征信息的多项式系数：p_0，p_1，$\cdots$，p_m。

Step3：选择区域纹理样本。

在待编码区域中截取一块纹理样本，该样本应该包含区域纹理的局部及全局特征。

Step4：重建区域。

（1）图像重建过程主要包括两个过程：区域轮廓重建和区域纹理合成。

（2）根据 Step2 得到的多项式系数 p_0，p_1，$\cdots$，p_m 及轮廓起始点位置坐标，完成区域轮廓重建。

（3）使用经典的 Image Quilting 纹理合成算法，实现区域纹理合成。

（4）把合成的区域纹理填充到重建的区域轮廓中，就能实现区域重建。

Step5：

（1）令 $R=R+1$。

（2）当编码下一个区域时，Go to Step2。

Step6：输出重建图像。

当图像中的所有区域都被成功地重建，就意味着多区域图像重建完成，即可输出重建图像。

多区域图像纹理替换模型的串行算法，用 C++编程语言实现，其关键代码如下所示：

```cpp
void main( Mm X, unsigned char * rmap, int NX, int NY, int TR)
{
    unsigned char * rmap_arti, * buff, * RGBrecon;
    int obj, i, j, l1, l3, ix, iy;
    int x, y, z, col, row, dep;
    int kkk;
    rmap _ arti = ( unsigned char * ) calloc ( NY * NX, sizeof ( unsigned char));
    buff = ( unsigned char * ) calloc( NY * NX, sizeof( unsigned char) );
    RGBrecon = ( unsigned char * ) malloc ( NY * NX * 3 * sizeof( unsigned
```

```
char) ) ;
        for( i = 0 ; i<NY * NX * 3 ; i++)
            RGBrecon[ i ] = 255 ;
    leftx = ( unsigned int * ) malloc( TR * sizeof( unsigned int ) ) ;
    lefty = ( unsigned int * ) malloc( TR * sizeof( unsigned int ) ) ;
    int * code ;
    int * VergeDotXtmp ;
    int * VergeDotYtmp ;
    code = ( int * ) malloc( MAX_DOTN * sizeof( int ) ) ;
    VergeDotXtmp = ( int * ) malloc( MAX_DOTN * sizeof( int ) ) ;
    VergeDotYtmp = ( int * ) malloc( MAX_DOTN * sizeof( int ) ) ;
    kkk = 0 ;
    for( obj = 0 ; obj<TR ; obj++)
    {
        int xsum = 0 , ysum = 0 , cnt = 0 ;
        for( i = 0 ; i<NY ; i++)
        {
            for( j = 0 ; j<NX ; j++)
            {
                if( rmap_arti[ i * NX+j ] = = obj)
                {
                    buff[ i * NX+j ] = 1 ;
                    xsum+ = j ;
                    ysum+ = i ;
                    cnt++ ;
                }
                else
                    buff[ i * NX+j ] = 0 ;
            }
        }
```

```
l1 = 1;
l3 = 0;
for( ix = 0; ix < NX − 1; ix++)
{
    for( iy = 0; iy < NY − 1; iy++)
    {
        l1 = iy * NX + ix;
        if( buff[ l1 ] == 1)
        {
            leftx[ obj ] = ix;
            lefty[ obj ] = iy;
            l3 = 1;
        }
        if( l3 == 1 ) break;
    }
    if( l3 == 1 ) { l3 = 0; break; }
}


Int VergeDotNum = SingleTrack ( leftx[ obj ], lefty[ obj ], 4, code, buff,
VergeDotXtmp, VergeDotYtmp );
    int * VergeDotX = ( int * ) malloc( VergeDotNum * sizeof( int ) );
    int * VergeDotY = ( int * ) malloc( VergeDotNum * sizeof( int ) );
    memcpy( VergeDotX, VergeDotXtmp, VergeDotNum * sizeof( int ) );
    memcpy( VergeDotY, VergeDotYtmp, VergeDotNum * sizeof( int ) );
    Mm para = PolygonFitting( VergeDotX, VergeDotY, VergeDotNum );
    Mm samp = zeros( 2 * QUSAMPy + 1, 2 * QUSAMPx + 1, 3 );
    x = 1, y = 1, z = 1;
    for( row = yyyarray[ obj ] − QUSAMPy; row <= yyyarray[ obj ] + QUSAMPy;
row++)
```

```
    {
        y = 1 ;
    for( col = xxxarray[ obj ] −QUSAMPx ;col< = xxxarray[ obj ] +QUSAMPx ;col
++ )
        {
            z = 1 ;
            for( dep = 1 ;dep< = 3 ;dep++ )
            {
                samp. r( x,y,z) = X. r( row,col,dep) ;
                z++ ;
            }
            y++ ;
        }
        x++ ;
    }
    Mm recon = imagequilt( samp,PATCHSIZE,PATCHNUM) ;
    Mm mdestsize = size( recon,1) ;
    int destsize = mdestsize. r( 1) ;
    printf( " destsize = %d\n" ,destsize) ;
    unsigned char ∗ RGBrecon1 ;
    RGBrecon1 = ( unsigned char ∗ ) malloc ( destsize ∗ destsize ∗ 3 ∗ sizeof
( unsigned char) ) ;
    x = 0 ;
    for( row = 1 ;row< = destsize ;row++ )
        for( col = 1 ;col< = destsize ;col++ )
            for( dep = 1 ;dep< = 3 ;dep++ )
                RGBrecon1[ x++ ] = recon. r( row,col,dep) ;
    if( kkk = = 0) outputresult( 6,texturefname1,RGBrecon1,NY,NX,3) ;
    else if( kkk = = 1) outputresult( 6,texturefname2,RGBrecon1,NY,NX,3) ;
    RegionRecon( para,RGBrecon1,RGBrecon,NX,NY,destsize,obj) ;
```

```
        free(VergeDotX);

        free(VergeDotY);

        free(RGBrecon1);

        kkk++;

    }

    char * recon_patch;

    recon_patch = "G:\\image_jlwan1g\\v\\GroundWaterCity.0000_
recon.jpg";

    outputresult(6,recon_patch,RGBrecon,NY,NX,3);

    free(code);

    free(VergeDotXtmp);free(VergeDotYtmp);

    free(rmap_arti);

    free(buff);

    free(RGBrecon);

}

/ * * * * * * * * * * * * * * * * * * * * * * * /

Mm imagequilt(Mm X,int tilesize,int n)

{

    int row,col,dep,x,y,z;

    char simple=0;

    double err=0.002;

    float overlap=round(tilesize/6);       //what is overlap

    int destsize=n * tilesize-(n-1) * overlap;

    Mm Y=zeros(destsize,destsize,3);

    Mm distances,Z,Y1;

    Mm mrow=zeros(1);

    Mm mcolumn=zeros(1);

    Mm best,idx,sub1,sub2,M,E,X1,Y2,C;

    double tmp=0.0;

    int i,j;
```

```
sub1 = zeros( 1 );

sub2 = zeros( 1 );

int startI = 0, startJ = 0, endI = 0, endJ = 0;

mrow = size( X,1 );

mcolumn = size( X,2 );

for( i = 1;i< = n;i++)
  for( j = 1;j< = n;j++)
    {
      startI = ( i−1 ) ∗ tilesize−( i−1 ) ∗ overlap+1;
      startJ = ( j−1 ) ∗ tilesize−( j−1 ) ∗ overlap+1;
      endI = startI+tilesize−1;
      endJ = startJ+tilesize−1;
      distances = zeros( mrow. r( 1 )−tilesize,mcolumn. r( 1 )−tilesize );
        if( j>1 )
      {
        x = 1,y = 1,z = 1;
        Y1 = zeros( endI−startI+1,overlap,3 );
        for( row = startI;row< = endI;row++)
          {
            y = 1;
            for( col = startJ;col< = startJ+overlap−1;col++)
            {
              z = 1;
              for( dep = 1;dep< = 3;dep++)
              {
                Y1. r( x,y,z) = Y. r( row,col,dep );
                z++;
              }
              y++;
            }
```

```
        x++;
    }
    x = 1;y = 1;z = 1;
    Mm distances1 = ssd(X,Y1);
    mrow = size(distances1,1);
    mcolumn = size(distances1,2);
    distances = zeros(mrow. r(1),mcolumn. r(1)-tilesize+overlap);
    for(row = 1;row<= mrow. r(1);row++)
    {
        y = 1;
        for(col = 1;col<= mcolumn. r(1)-tilesize+overlap;col++)
        {
            distances. r(x,y) = distances1. r(row,col);
            y++;
        }
        x++;
    }
}
if(i>1)
{
    Y1 = zeros(overlap,endJ-startJ+1,3);
    x = 1,y = 1,z = 1;
    for(row = startI;row<= startI+overlap-1;row++)
    {
        y = 1;
        for(col = startJ;col<= endJ;col++)
        {
            z = 1;
            for(dep = 1;dep<= 3;dep++)
            {
```

```
        Y1. r( x,y,z) = Y. r( row,col,dep) ;
        z++;
      }
      y++;
    }
    x++;
}
Mm Z1 = ssd( X,Y1) ;
mrow = size( Z1,1) ;
mcolumn = size( Z1,2) ;
Z = zeros( mrow. r( 1) −tilesize+overlap,mcolumn. r( 1) ) ;
x = 1;y = 1;
for( row = 1;row< = mrow. r( 1) −tilesize+overlap;row++)
{
    y = 1;
    for( col = 1;col< = mcolumn. r( 1) ;col++)
    {
        Z. r( x,y) = Z1. r( row,col) ;
        y++;
    }
    x++;
}
    if( j>1)
    distances = distances+Z;
    else
    distances = Z;
}
if( i>1 && j>1)
{
    Y1 = zeros( overlap,overlap,3) ;
```

```
x = 1 , y = 1 , z = 1 ;
for( row = startI ; row < = startI+overlap−1 ; row++)
{
    y = 1 ;
    for( col = startJ ; col < = startJ+overlap−1 ; col++)
    {
        z = 1 ;
        for( dep = 1 ; dep < = 3 ; dep++)
        {
            Y1. r( x , y , z) = Y. r( row , col , dep) ;
            z++;
        }
        y++;
    }
    x++;
}
    Mm Z1 = ssd( X , Y1) ;

mrow = size( Z1 , 1) ;
mcolumn = size( Z1 , 2) ;
Z = zeros( mrow. r( 1) −tilesize+overlap , mcolumn. r( 1) −tilesize+overlap) ;
x = 1 ; y = 1 ;
for( row = 1 ; row < = mrow. r( 1) −tilesize+overlap ; row++)
{
    y = 1 ;
    for( col = 1 ; col < = mcolumn. r( 1) −tilesize+overlap ; col++)
    {
        Z. r( x , y) = Z1. r( row , col) ;
        y++;
    }
}
```

```
        x++;
    }
        distances = distances−Z;
    }
best = zeros(1);
mrow = size(distances,1);
mcolumn = size(distances,2);
for(row = 1;row<=mrow. r(1);row++)
    for(col = 1;col<=mcolumn. r(1);col++)
    {
        if(row = = 1 && col = = 1)
        {
            best. r(1)= distances. r(row,col);
        }
        else
        {
            if(distances. r(row,col)<best. r(1))
                best. r(1)= distances. r(row,col);
        }
    }
for(row = 1;row<=mrow. r(1);row++)
    for(col = 1;col<=mcolumn. r(1);col++)
    {
        if(distances. r(row,col)<=(1+err) * best. r(1))
            distances. r(row,col)= 1;
        else
            distances. r(row,col)= 0;
    }
Mm candidates = find(distances);
mrow = size(candidates,1);
```

```
mcolumn = size( candidates , 2 ) ;
double ran = rand( ) / ( double) RAND_MAX ;
Mm mrow1 = ceil( ran * mrow. r( 1 ) ) ;
idx = zeros( 1 ) ;
idx. r( 1 ) = candidates. r( mrow1. r( 1 ) , 1 ) ;
mrow1 = size( distances , 1 ) ;
Mm mcolumn1 = size( distances , 2 ) ;
Mm sub1 = zeros( 1 ) ;
Mm sub2 = zeros( 1 ) ;
ind2sub( size( distances ) , idx , i_o , sub1 , sub2 ) ;
int sub11 = sub1. r( 1 ) ;
int sub22 = sub2. r( 1 ) ;
M = ones( tilesize , tilesize ) ;
if( j>1 )
{
  X1 = zeros( tilesize , overlap ) ;
  Y2 = zeros( endI−startI+1 , overlap ) ;
  x = 1 ; y = 1 ;
  for( row = sub11 ; row< = sub11+tilesize−1 ; row++ )
  {
    y = 1 ;
    for( col = sub22 ; col< = sub22+overlap−1 ; col++ )
    {
      X1. r( x , y ) = X. r( row , col ) ;
      y++ ;
    }
    x++ ;
  }
  x = 1 ; y = 1 ;
  for( row = startI ; row< = endI ; row++ )
```

```
{
    y = 1;
    for( col = startJ; col< = startJ+overlap−1; col++)
    {
        Y2. r( x, y) = Y. r( row, col);
        y++;
    }
    x++;
}
E = dot_mul( ( X1−Y2), ( X1−Y2));
    C = mincut( E, 0);
for( row = 1; row< = tilesize; row++)
    for( col = 1; col< = overlap; col++)
    {
        if( C. r( row, col) > = 0)
            M. r( row, col) = 1;
        else
            M. r( row, col) = 0;
    }
}
if( i>1)
{
    X1 = zeros( overlap, tilesize);
    Y2 = zeros( overlap, endJ−startJ+1);
    x = 1; y = 1;
    for( row = sub11; row< = sub11+overlap−1; row++)
    {
        y = 1;
        for( col = sub22; col< = sub22+tilesize−1; col++)
        {
```

```
      X1. r( x,y) = X. r( row,col) ;
      y++;
   }
  x++;
}
x = 1 ; y = 1 ;
for( row = startI ; row<= startI+overlap−1 ; row++ )
{
  y = 1 ;
  for( col = startJ ; col<= endJ ; col++ )
  {
     Y2. r( x,y) = Y. r( row,col) ;
     y++;
  }
  x++;
}
E = dot_mul( ( X1−Y2) ,( X1−Y2) ) ;
  C = mincut( E,1) ;
for( row = 1 ; row<= overlap ; row++ )
  for( col = 1 ; col<= tilesize ; col++ )
  {
     if( C. r( row,col) >=0)
       M. r( row,col) = 1 ;
     else
       M. r( row,col) = 0 ;
  }

}
if( ( i== 1) && ( j== 1) )
{
```

```
X1 = zeros( tilesize , tilesize , 3) ;
x = 1 , y = 1 , z = 1 ;
for( row = sub11 ; row< = sub11+tilesize−1 ; row++)
{
    y = 1 ;
    for( col = sub22 ; col< = sub22+tilesize−1 ; col++)
    {
        z = 1 ;
        for( dep = 1 ; dep< = 3 ; dep++)
        {
            X1. r( x , y , z) = X. r( row , col , dep) ;
            z++ ;
        }
        y++ ;
    }
    x++ ;
}
x = 1 , y = 1 , z = 1 ;
for( row = startI ; row< = endI ; row++)
{
    y = 1 ;
    for( col = startJ ; col< = endJ ; col++)
    {
        z = 1 ;
        for( dep = 1 ; dep< = 3 ; dep++)
        {
            Y. r( row , col , dep) = X1. r( x , y , z) ;
            z++ ;
        }
        y++ ;
```

```
        }
      x++;
    }


  }
else
  {
    Y2 = zeros( endI−startI+1, endJ−startJ+1, 3);
    X1 = zeros( tilesize, tilesize, 3);

    x = 1, y = 1, z = 1;
    for( row = startI; row < = endI; row++)
      {
        y = 1;
        for( col = startJ; col < = endJ; col++)
          {
            z = 1;
            for( dep = 1; dep < = 3; dep++)
              {
                Y2. r( x, y, z) = Y. r( row, col, dep);
                z++;
              }
            y++;
          }
        x++;
      }
    x = 1, y = 1, z = 1;
    for( row = sub11; row < = sub11+tilesize−1; row++)
      {
        y = 1;
```

```
for( col = sub22 ; col< = sub22+tilesize−1 ; col++)
  {
    z = 1 ;
    for( dep = 1 ; dep< = 3 ; dep++)
      {
        X1. r( x , y , z )= X. r( row , col , dep) ;
        z++ ;
      }
    y++ ;
  }
x++ ;
}
Y2 = filtered_write( Y2 , X1 , M) ;
x = 1 , y = 1 , z = 1 ;
for( row = startI ; row< = endI ; row++)
{
  y = 1 ;
  for( col = startJ ; col< = endJ ; col++)
    {
      z = 1 ;
      for( dep = 1 ; dep< = 3 ; dep++)
        {
          Y. r( row , col , dep)= Y2. r( x , y , z ) ;
          z++ ;
        }
      y++ ;
    }
  x++ ;
}
}
```

```
            }
        return Y;
    }
    Mm filtered_write(Mm A,Mm B,Mm M)
    {
        Mm mrow = size(A,1);
        Mm mcol = size(A,2);
        Mm mdep = size(A,3);
        Mm res = zeros(mrow. r(1),mcol. r(1),mdep. r(1));
        for(int i = 1;i<=3;i++)
            for(int row = 1;row<=mrow. r(1);row++)
                for(int col = 1;col<=mcol. r(1);col++)
                {
                    if(M. r(row,col)= =0)
                        res. r(row,col,i)= A. r(row,col,i);
                    else
                        res. r(row,col,i)= B. r(row,col,i);
                }
        return res;
    }
    Mm ssd(Mm inX,Mm inY)
    {
        int i,j,m;
        Mm K = ones(size(inY,1),size(inY,2));
        Mm row = size(inX,1);
        Mm column = size(inX,2);
        Mm depth = size(inX,3);
        Mm row1 = size(inY,1);
        Mm column1 = size(inY,2);
        Mm depth1 = size(inY,3);
```

```
Mm A = zeros( row. r( 1 ) , column. r( 1 ) ) ;
Mm B = zeros( row1. r( 1 ) , column1. r( 1 ) ) ;
Mm Z ;
for( m = 1 ; m< = depth. r( 1 ) ; m++ )
  {
    for( i = 1 ; i< = row. r( 1 ) ; i++ )
      for( j = 1 ; j< = column. r( 1 ) ; j++ )
        {
          A. r( i , j ) = inX. r( i , j , m ) ;
        }
    for( i = 1 ; i< = row1. r( 1 ) ; i++ )
      for( j = 1 ; j< = column1. r( 1 ) ; j++ )
        {
          B. r( i , j ) = inY. r( i , j , m ) ;
        }
    Mm a2 = filter2( K , dot_mul( A , A ) , TM( " valid" ) ) ;
    Mm b2 = sum( sum( dot_mul( B , B ) ) ) ;
    Mm ab = filter2( B , A , TM( " valid" ) ) ;
    ab = dot_add( ab , ab ) ;
    if( m = = 1 )
      Z = a2−ab+b2 ;
    else
      Z = Z+( a2−ab+b2 ) ;
  }
  return Z ;


}
/ * * * * * * * * * * * * * * * * * * * * * * * */
Mm mincut( Mm inX , unsigned char dir )
  {
```

```
int i,j,m;
if( dir)
    inX = transpose( inX) ;
Mm E = zeros( size( inX,1) ,size( inX,2) ) ;
Mm row = size( E,1) ;//80
Mm column = size( E,2) ;//13
for( i = 1;i< = row. r( 1) ;i++)
    for( j = 1;j< = column. r( 1) ;j++)
    {
        E. r( i,j) = inX. r( i,j) ;
    }
for( i = 2;i< = row. r( 1) ;i++)
{
    Mm minval = min( E. r( i-1,1) ,E. r( i-1,2) ) ;
    E. r( i,1) = inX. r( i,1) +minval. r( 1) ;
    for( j = 2;j< = column. r( 1) -1;j++)
    {
        double minval1 = min3( E. r( i-1,j-1) ,E. r( i-1,j) ,E. r( i-1,j+1) ) ;
        E. r( i,j) = inX. r( i,j) +minval1;
    }
    Mm minval2 = min( E. r( i-1,column. r( 1) -1) ,E. r( i-1,column. r( 1) ) ) ;
    E. r( i,column. r( 1) ) = inX. r( i,column. r( 1) ) +minval2. r( 1) ;
}
Mm C = zeros( size( inX,1) ,size( inX,2) ) ;
double cost = E. r( row. r( 1) ,1) ;
int idx = 1;
for( i = 2;i< = column. r( 1) ;i++)
{
    if( E. r( row. r( 1) ,i) <cost)
    {
```

```
        cost = E. r( row. r( 1 ) ,i ) ;
        idx = i ;
      }
  }
for( i = 1 ;i <= column. r( 1 ) ;i++ )
  {
    if( i<idx )
      C. r( row. r( 1 ) ,i ) = -1 ;
    else if( i = = idx )
      C. r( row. r( 1 ) ,i ) = 0 ;
    else
      C. r( row. r( 1 ) ,i ) = 1 ;
  }
for( i = row. r( 1 ) -1 ;i>= 1 ;i-- )//80
  for( j = 1 ;j<= column. r( 1 ) ;j++ )//13
    {
      Mm tmp1 = min( idx+1 ,column. r( 1 ) ) ;
      double cost1 ;
      double cost2 ;
      if( idx>1 )
        {
          cost1 = E. r( i ,idx-1 ) ;
          for( m = idx ;m<= tmp1. r( 1 ) ;m++ )
            {
              if( E. r( i ,m ) <cost1 )
                {
                  cost1 = E. r( i ,m ) ;
                }
            }
        }
```

```
            if( idx<column. r( 1 ) )
            {
                Mm tmp2 = max( idx-1,1 ) ;
                cost2 = E. r( i,tmp2. r( 1 ) ) ;
                for( m = tmp2. r( 1 ) +1 ;m< = idx+1 ;m++ )
                {
                    if( E. r( i,m )<cost2 )
                    {
                        cost2 = E. r( i,m ) ;
                    }
                }
            }
            if( ( idx>1 )&&( E. r( i,idx-1 ) = = cost1 ) )
                idx = idx-1 ;
            else if( ( idx<column. r( 1 ) )&&( E. r( i,idx+1 ) = = cost2 ) )
                idx = idx+1 ;
            for( m = 1 ;m< = column. r( 1 ) ;m++ )
            {
                if( m<idx )
                    C. r( i,m ) = -1 ;
                else if( m = = idx )
                    C. r( i,m ) = 0 ;
                else
                    C. r( i,m ) = 1 ;
            }
        }
    if( dir )
        C = transpose( C ) ;
    return C ;
}
```

```
double min3(double in1,double in2,double in3)
{
    double min;
    min=(in1<in2)? in1:in2;
    min=(min<in3)? min:in3;
    return min;
}
int NextDot(int * curr,int * iop,int * next,unsigned char * data)
{
    int ii,jj,kw,n,n1;
    int ki,kj,inv,ns,ne;
    kw=0;
    ii=curr[0];jj=curr[1];
    ns= * iop;ne=ns-8;
    for(n=ns;n>ne;n--)
    {
        n1=(n+8)%8;
        ki=ii+inc[n1][0];
        kj=jj+inc[n1][1];
        if((ki>=0)&&(kj>=0)&&(ki<=NX-1)&&(kj<=NY-1))
        {
            inv=data[kj * NX+ki];
            if(inv==1)break;
        }
    }
    if(n! =ne)
    {
        next[0]=ki;next[1]=kj;
        * iop=n1;
    }
```

```
    else kw = 1;
    return(kw);
}
/*********************/
int SingleTrack(int i,int j,int iop,int * code,unsigned char * data,int * xx,int *
yy)
{
    int kw,code_n;
    int curr[2],next[2];

    code[0] = curr[0] = next[0] = i;
    code[1] = curr[1] = next[1] = j;
    code_n = 3;
    curr[0] = i;curr[1] = j;
    code[3] = -1;
    do
    {
        kw = NextDot(curr,&iop,next,data);
        if((curr[0] == i)&&(curr[1] == j)&&(iop == code[3]))break;
        xx[code_n-3] = next[0];
        yy[code_n-3] = next[1];
        code[code_n++] = iop;
        curr[0] = next[0];curr[1] = next[1];
        if(iop%2)iop++;
        iop = (iop+1)%8;
    }
    while(kw == 0);
    code[2] = code_n-3;
    return(code_n-3);
}
```

```
// ************迭代多边形曲线拟合 ***************
Mm PolygonFitting( int * VergeDotX, int * VergeDotY, int VergeDotNum)
{
    int Num = 1;
    int IsClosed = 1;
    int i,j,n,t;
    double dist = 0, dist1 = 0;
    int EndPntIndex[2] = {0,0};
    Mm para;
    for( i = 0; i<VergeDotNum; i++)
        for( j = 0; j<VergeDotNum; j++)
        {
            dist = sqrt ( pow ( ( double ) ( VergeDotX [ i ] − VergeDotX [ j ]) , 2 ) + pow
( ( double ) ( VergeDotY [ i ] −VergeDotY [ j ] ) ,2 ) );
            if( dist>dist1 )
            {
                EndPntIndex[ 0 ] = i;
                EndPntIndex[ 1 ] = j;
                dist1 = dist;
            }

        }
    if( EndPntIndex[ 0 ]>EndPntIndex[ 1 ] )
    {
        t = EndPntIndex[ 0 ];
        EndPntIndex[ 0 ] = EndPntIndex[ 1 ];
        EndPntIndex[ 1 ] = t;
    }
```

```
int DotNum[3];
DotNum[0]=EndPntIndex[0]+1;
DotNum[1]=abs(EndPntIndex[0]-EndPntIndex[1]);
DotNum[2]=VergeDotNum-EndPntIndex[1];
int * Verge1DotX=(int * )malloc(DotNum[0] * sizeof(int));
int * Verge1DotY=(int * )malloc(DotNum[0] * sizeof(int));
int * Verge2DotX=(int * )malloc(DotNum[1] * sizeof(int));
int * Verge2DotY=(int * )malloc(DotNum[1] * sizeof(int));
int * Verge3DotX=(int * )malloc(DotNum[2] * sizeof(int));
int * Verge3DotY=(int * )malloc(DotNum[2] * sizeof(int));
int cnt1=0;
for(n=0;n<EndPntIndex[0]+1;n++)
{
    Verge1DotX[cnt1]=VergeDotX[n];
    Verge1DotY[cnt1++]=VergeDotY[n];
}
cnt1=0;
for(n=EndPntIndex[0];n<EndPntIndex[1];n++)
{
    Verge2DotX[cnt1]=VergeDotX[n];
    Verge2DotY[cnt1++]=VergeDotY[n];
}
cnt1=0;
for(n=EndPntIndex[1];n<VergeDotNum;n++)
{
    Verge3DotX[cnt1]=VergeDotX[n];
    Verge3DotY[cnt1++]=VergeDotY[n];
}
int EndPnt1[2][2]={0};int EndPnt2[2][2]={0};int EndPnt3[2][2]=
{0};
```

EndPnt1[0][0] = VergeDotX[0];

EndPnt1[0][1] = VergeDotY[0];

EndPnt1[1][0] = VergeDotX[EndPntIndex[0]];

EndPnt1[1][1] = VergeDotY[EndPntIndex[0]];

EndPnt2[0][0] = VergeDotX[EndPntIndex[0]];

EndPnt2[0][1] = VergeDotY[EndPntIndex[0]];

EndPnt2[1][0] = VergeDotX[EndPntIndex[1]];

EndPnt2[1][1] = VergeDotY[EndPntIndex[1]];

EndPnt3[0][0] = VergeDotX[EndPntIndex[1]];

EndPnt3[0][1] = VergeDotY[EndPntIndex[1]];

EndPnt3[1][0] = VergeDotX[VergeDotNum-1];

EndPnt3[1][1] = VergeDotY[VergeDotNum-1];

Mm para1 = Iterative(Verge1DotX, Verge1DotY, DotNum[0], EndPnt1);

Mm para2 = Iterative(Verge2DotX, Verge2DotY, DotNum[1], EndPnt2);

Mm para3 = Iterative(Verge3DotX, Verge3DotY, DotNum[2], EndPnt3);

Mm sz1 = size(para1,2);

Mm sz2 = size(para2,2);

Mm sz3 = size(para3,2);

para = zeros(1, sz1. r(1)+sz2. r(1)+sz3. r(1));

int cnt = 1;

for(i = 1;i<=sz1. r(1);i++)

{

  para. r(1,cnt++) = para1. r(i);

}

for(i = 1;i<=sz2. r(1);i++)

{

  para. r(1,cnt++) = para2. r(i);

```
    }
  for(i=1;i<=sz3.r(1);i++)
    {
       para.r(1,cnt++)=para3.r(i);
    }
  return para;
}
  /**************************/
Mm Iterative(int * CurveX,int * CurveY,int DotNum,int EndPnt[ ][2])
{
  int i,n;
  double dist=0,maxdist=0;
  int NodeIndex=0;
  Mm para,para1,para2;
  for(i=0;i<DotNum;i++)
    {
       dist=abs((CurveX[i] * (EndPnt[0][1]−EndPnt[1][1])−CurveY
[i] * (EndPnt[0][0]−EndPnt[1][0])+EndPnt[1][1] * EndPnt[0][0]−
EndPnt[0][1] * EndPnt[1][0])/sqrt(pow((double)(EndPnt[0][0]−End-
Pnt[1][0]),2)+pow((double)(EndPnt[0][1]−EndPnt[1][1]),2)));
       if(dist>maxdist)
         {
            NodeIndex=i;
            maxdist=dist;
         }
    }
  if(maxdist>DISTTH)
    {
       int DotNum1[2];
       DotNum1[0]=NodeIndex+1;
```

```
DotNum1[1] = DotNum−DotNum1[0];
int * Verge1DotX = (int *) malloc(DotNum1[0] * sizeof(int));
int * Verge1DotY = (int *) malloc(DotNum1[0] * sizeof(int));
int * Verge2DotX = (int *) malloc(DotNum1[1] * sizeof(int));
int * Verge2DotY = (int *) malloc(DotNum1[1] * sizeof(int));
int cnt1 = 0;
for(n = 0; n < NodeIndex+1; n++)
{
    Verge1DotX[cnt1] = CurveX[n];
    Verge1DotY[cnt1++] = CurveY[n];
}
cnt1 = 0;
for(n = NodeIndex; n < DotNum; n++)
{
    Verge2DotX[cnt1] = CurveX[n];
    Verge2DotY[cnt1++] = CurveY[n];
}


int EndPnt1[2][2] = {0};
EndPnt1[0][0] = Verge1DotX[0];
EndPnt1[0][1] = Verge1DotY[0];
EndPnt1[1][0] = Verge1DotX[DotNum1[0]−1];
EndPnt1[1][1] = Verge1DotY[DotNum1[0]−1];


int EndPnt2[2][2] = {0};
EndPnt2[0][0] = Verge2DotX[0];
EndPnt2[0][1] = Verge2DotY[0];
EndPnt2[1][0] = Verge2DotX[DotNum1[1]−1];
EndPnt2[1][1] = Verge2DotY[DotNum1[1]−1];
```

```
        para1 = Iterative( Verge1DotX, Verge1DotY, DotNum1[ 0 ], EndPnt1 );
        para2 = Iterative( Verge2DotX, Verge2DotY, DotNum1[ 1 ], EndPnt2 );
        Mm sz1 = size( para1,2 );
        Mm sz2 = size( para2,2 );
        para = zeros( 1,sz1. r( 1 )+sz2. r( 1 ) );
        int cnt = 1;
        for( i = 1;i< = sz1. r( 1 );i++ )
        {
            para. r( 1,cnt++ ) = para1. r( i );
        }
        for( i = 1;i< = sz2. r( 1 );i++ )
        {
            para. r( 1,cnt++ ) = para2. r( i );
        }
    }
    else if( maxdist = = 0 )
    {
        int k1 = CurveX[ 0 ]-CurveX[ DotNum-1 ];
        para = zeros( 1,4 );
        if( k1 )
        {
            double k = ( CurveY[ 0 ]-CurveY[ DotNum-1 ] )/( CurveX[ 0 ]-CurveX
[ DotNum-1 ] );
            if( k = = 0 )
            {
                para. r( 1,1 ) = 1111;
                para. r( 1,2 ) = CurveY[ 0 ];
                para. r( 1,3 ) = CurveX[ 0 ];
                para. r( 1,4 ) = CurveX[ DotNum-1 ];
            }
```

```
  else
  {
    double b = CurveY[0]-k * CurveX[0];
    para. r(1,1)= 3333;
    para. r(1,2)= k;
    para. r(1,3)= b;
    para. r(1,4)= CurveX[0];
    para. r(1,5)= CurveX[DotNum-1];
  }
}
else
{
  para. r(1,1)= 2222;
  para. r(1,2)= CurveX[0];
  para. r(1,3)= CurveY[0];
  para. r(1,4)= CurveY[DotNum-1];
}
}
else
{
  Mm mCurveX = zeros(DotNum,1);
  Mm mCurveY = zeros(DotNum,1);
  for(i=1;i<=DotNum;i++)
  {
    mCurveX. r(i,1)= CurveX[i-1];
    mCurveY. r(i,1)= CurveY[i-1];
  }
  Mm para1 = polyfit(mCurveX,mCurveY,FITORDER);
  para = zeros(1,1+FITORDER+1+2);
  para. r(1,1)= 4444;
```

```
    for(i=1;i<=FITORDER+1;i++)
        para. r(1,1+i)=para1. r(1,i);
    para. r(1,1+FITORDER+1+1)=CurveX[0];
  para. r(1,1+FITORDER+1+2)=CurveX[DotNum-1];
  }

  return para;

}

/**********************/
void RegionRecon(Mm para,unsigned char * RGB,unsigned char * RGBwhole,
int nx,int ny,int destsz,int obj)
  {
    int i,j;
    double t=0;
    unsigned char * Flag=(unsigned char * )malloc(nx * ny * sizeof(unsigned
char));
    unsigned char * FlagDilated=(unsigned char * ) malloc (nx * ny * sizeof
(unsigned char));
    for(i=0;i<ny * nx;i++)
    {
      Flag[i]=255;
      FlagDilated[i]=255;
    }
    Mm mParaSize=size(para,2);
    int ParaSize=mParaSize. r(1);
    printf("ParaSize=%d\n",ParaSize);
    i=1;
    do
    {
      int p=para. r(1,i);
      switch(p)
```

```
{
    case 1111:
        if( para. r( 1 ,i+2) >para. r( 1 ,i+3) )
        {
            t=para. r( 1 ,i+2) ;
            para. r( 1 ,i+2) = para. r( 1 ,i+3) ;
            para. r( 1 ,i+3) = t;
        }
        for( j=para. r( 1 ,i+2) ;j<=para. r( 1 ,i+3) ;j++)
        {
            Flag[ ( int) para. r( 1 ,i+1) * nx+j] = 1;
        }
        i=i+4;
        break;
    case 2222:
        if( para. r( 1 ,i+2) >para. r( 1 ,i+3) )
        {
            t=para. r( 1 ,i+2) ;
            para. r( 1 ,i+2) = para. r( 1 ,i+3) ;
            para. r( 1 ,i+3) = t;
        }
        for( j=para. r( 1 ,i+2) ;j<=para. r( 1 ,i+3) ;j++)
        {
            Flag[ j * nx+( int) para. r( 1 ,i+1) ] = 1;
        }
        i=i+4;
        break;
    case 3333:
        if( para. r( 1 ,i+3) >para. r( 1 ,i+4) )
        {
```

```
        t=para. r(1,i+3);
        para. r(1,i+3)=para. r(1,i+4);
        para. r(1,i+4)=t;
    }
    for(j=para. r(1,i+3);j<=para. r(1,i+4);j++)
    {
        int ytmp=para. r(1,i+1) * j+para. r(1,i+2);
        Flag[ytmp * nx+j]=1;
    }
    i=i+5;
    break;
case 4444:
    {
        if(para. r(1,i+FITORDER+1+1)>para. r(1,i+FITORDER+1+2))
    {

        t=para. r(1,i+FITORDER+1+1);
        para. r(1,i+FITORDER+1+1)=para. r(1,i+FITORDER+1+2);
        para. r(1,i+FITORDER+1+2)=t;
    }
        Mm x_r=colon(para. r(1,i+FITORDER+1+1),para. r(1,i+
FITORDER+1+2)+TAIL);
        printf("%s\n","x_r************");
        display(x_r);
        printf("%s\n","x_r***********");
        Mm mPara=zeros(1,FITORDER+1);
        for(j=1;j<=FITORDER+1;j++)
        mPara. r(1,j)=para. r(1,i+j);
        Mm y_r=polyval(mPara,x_r);
        printf("%s\n","y_r***********");
        display(y_r);
```

```
            printf("%s\n","y_r***********");
        Mm sz=size(x_r,2);
        for(j=1;j<=sz. r(1);j++)
            Flag[(int)y_r. r(j) * nx+(int)x_r. r(j)]=1;


        i=i+FITORDER+1+3;
        break;
      }
    default:
      break;
    }
} while(i<=ParaSize);
outputimggif(reconfname1,Flag,NY,NX,1);
dilation(Flag,FlagDilated,nx,ny,EDMask,60,obj);
outputimggif(reconfname2,FlagDilated,NY,NX,1);
for(j=0;j<ny;j++)
  for(i=0;i<nx;i++)
  {
      if(IsInRegion(FlagDilated,i,j,nx,ny)==1)
      {
          RGBwhole[j*3*nx+3*i]=RGB[j*3*destsz+3*i];
          RGBwhole[j*3*nx+3*i+1]=RGB[j*3*destsz+3*i+1];
          RGBwhole[j*3*nx+3*i+2]=RGB[j*3*destsz+3*i+2];
      }
  }
free(Flag);
free(FlagDilated);
return;
}
/***********************/
```

```
unsigned char IsInRegion(unsigned char * area, int x, int y, int nx, int ny)
{
    int i;
    int yscope[2] = {0, ny-1}; int xscope[2] = {0, nx-1};
    unsigned char flag = 0, inregionflag = 1;
    unsigned char leftkey = 0, rightkey = 0, upkey = 0, downkey = 0;
    for(i = x; i >= 0; i--)
    {
        if(area[y * nx+i] == 1)
        {
            leftkey = 1;
            break;
        }
    }
    for(i = y; i >= 0; i--)
    {
        if(area[i * nx+x] == 1)
        {
            upkey = 1;
            break;
        }
    }
    for(i = y; i <= ny-1; i++)
    {
        if(area[i * nx+x] == 1)
        {
            downkey = 1;
            break;
        }
    }
```

```
    if( ( leftkey&&upkey ) && ( downkey ) )
        inregionflag = 1 ;
    else
        inregionflag = 0 ;
    return( inregionflag ) ;
}
void dilation ( unsigned char * list1 , unsigned char * list0 , int Dx , int Dy , int
Mask[ ][ 2 ] , int MaskLen , int obj )
{
    int i , j , k ;
    for( k = 0 ; k<Dx * Dy ; k++ )
        list0[ k ] = 255 ;
    for( j = 1 ; j<Dy−1 ; j++ )
        for( i = 1 ; i<Dx−1 ; i++ )
            for( k = 0 ; k<MaskLen ; k++ )
            {
                if( list1[ ( j+Mask[ k ][ 0 ] ) * Dx+( i+Mask[ k ][ 1 ] ) ] = = 1 )
                {
                    list0[ j * Dx+i ] = 1 ;
                    break ;
                }
            }
}
/ * * * * * * * * * * * * * * * * * * * * * * * /
void process_image ( void )
{
    unsigned char * RGB2 , * cmap ;
    unsigned char * RGB ;
    int N , i , j , k , mapsize , imgsize , l ;
    float * LUV , * * cb ;
```

```
char fname[200], exten[10];
char * verbosefname = NULL;
int verbose_flag = 0;
switch(media_type)
{
    case I_YUV:
        sprintf(exten, "yuv");
        dim = 3; imgsize = NY * NX * dim;
        RGB = (unsigned char * )malloc(imgsize * sizeof(unsigned char));
        inputimgyuv(infname, RGB, NY, NX);
        break;
    case I_RGB:
        sprintf(exten, "rgb");
        dim = 3; imgsize = NY * NX * dim;
        RGB = (unsigned char * )malloc(imgsize * sizeof(unsigned char));
        inputimgraw(infname, RGB, NY, NX, dim);
        break;
    case I_GRAY:
        sprintf(exten, "gray");
        dim = 1; imgsize = NY * NX * dim;
        RGB = (unsigned char * )malloc(imgsize * sizeof(unsigned char));
        inputimgraw(infname, RGB, NY, NX, dim);
        break;
    case I_PPM:
        sprintf(exten, "ppm");
        inputimgpm(infname, &RGB, &NY, &NX);
        dim = 3; imgsize = NY * NX * dim;
        break;
    case I_PGM:
        sprintf(exten, "pgm");
```

```
        inputimgpm( infname,&RGB,&NY,&NX);
        dim = 1;imgsize = NY * NX * dim;
        break;
    case I_JPG:
        sprintf( exten,"jpg");
        dim = inputimgjpg( infname,&RGB,&NY,&NX);
        imgsize = NY * NX * dim;
        break;
    case I_GIF:
        sprintf( exten,"gif");
        dim = inputimggif( infname,&RGB,&NY,&NX);
        imgsize = NY * NX * dim;
        break;
    default:
        printf( "Unknown media type\n");
        exit( -1);
}
mapsize = NY * NX;
switch( proc_type)
{
    case P_SEG:case P_QUA:
        cb = ( float ** )fmatrix( 256,dim);
        LUV = ( float * )malloc( imgsize * sizeof( float));
        if( dim = = 3)rgb2luv( RGB,LUV,imgsize);
        else if( dim = = 1){for(1=0;1<imgsize;1++)LUV[1] = RGB[1];}
        else{ printf( "don 't know how to handle dim = %d\n",dim);exit(0);}
        N = quantize( LUV,cb,1,NY,NX,dim,TQUAN);
        printf( "N = %d\n",N);
        cmap = ( unsigned char * )calloc( mapsize,sizeof( unsigned char));
        if( dim = = 3)rgb2luv( RGB,LUV,imgsize);
```

```
       else if( dim = = 1 ) { for( l = 0 ; l < imgsize ; l++ ) LUV[ l ] = RGB[ l ] ; }
       getcmap( LUV , cmap , cb , mapsize , dim , N ) ;
       if( verbose_flag || proc_type = = P_QUA )
       {
          j = 0 ;
          for( i = 0 ; i < mapsize ; i++ )
             for( k = 0 ; k < dim ; k++ ) LUV[ j++ ] = cb[ cmap[ i ] ][ k ] ;
          RGB2 = ( unsigned char * ) malloc( imgsize * sizeof( unsigned char ) ) ;
          if( dim = = 3 ) luv2rgb( RGB2 , LUV , imgsize ) ;
          else if( dim = = 1 ) { for( l = 0 ; l < imgsize ; l++ ) RGB2[ l ] = ( unsigned
char ) LUV[ l ] ; }
          sprintf( fname , " %s. qua. %s" , verbosefname , exten ) ;
          outputresult( media_type , fname , RGB2 , NY , NX , dim ) ;
          outputimgraw( " cmap. seg" , cmap , NY , NX , 1 ) ;
     free( RGB2 ) ;
       }
       free_fmatrix( cb , 256 ) ;
       free( LUV ) ;
       if( proc_type = = P_QUA ) { free( cmap ) ; free( RGB ) ; exit( 0 ) ; }
       rmap = ( unsigned char * ) calloc( NY * NX , sizeof( unsigned char ) ) ;
       TR = segment ( rmap , cmap , N , 1 , NY , NX , RGB , verbosefname , exten ,
media_type , dim , NSCALE , displayintensity , verbose_flag , 1 ) ;
       TR = merge1 ( rmap , cmap , N , 1 , NY , NX , TR , threshcolor ) ;
       free( cmap ) ;
       if( outimg_flag )


outputEdge( outfname , exten , RGB , rmap , NY , NX , - 1 , media_type , dim , display-
intensity ) ;
       if( outmap_flag )
       {
```

```
switch( rmap_type)
{
    case I_GRAY:
        outputimgraw( rmapfname, rmap, NY, NX, 1);
        break;
    case I_GIF:
        outputimggif( rmapfname, rmap, NY, NX, 1);
        break;
    default:
        printf( "Unknown rmap type\n");
        exit( -1);
}
}
break;
case P_BW:
    N = 2;
    cmap = ( unsigned char * ) calloc( mapsize, sizeof( unsigned char));
    for( i = 0; i<imgsize; i++)
    {
        if( RGB[ i] >= 128) cmap[ i] = 1;
        else cmap[ i] = 0;
    }
    rmap = ( unsigned char * ) calloc( NY * NX, sizeof( unsigned char));
    TR = segment ( rmap, cmap, N, 1, NY, NX, RGB, verbosefname, exten,
media_type, dim, NSCALE, displayintensity, verbose_flag, 1);
    TR = merge1( rmap, cmap, N, 1, NY, NX, TR, threshcolor);
    printf( "merge TR = %d\n", TR);
    free( cmap);
    if( outimg_flag)
outputEdge( outfname, exten, RGB, rmap, NY, NX, -1, media_type, dim, dis-
```

```
playintensity);
    if(outmap_flag)
    {
        switch(rmap_type)
        {
            case I_GIF:
                outputimggif(rmapfname,rmap,NY,NX,1);
                break;
            default:
                printf("Unknown rmap type\n");
                exit(-1);
        }
    }
    break;
default:
    printf("Unknown process type\n");
    exit(-1);
}
}
```

6

基于轮廓的MPI并行算法

6.1 引言

人类视觉系统是视频图像信息的主要接受源，因此可以利用人类视觉感知原理来改善视频图像编码的编码效果和计算效率。但是，人类视觉系统本身是一个极其复杂的系统，因此有效消除视觉感知冗余的图像/视频编码问题并没有一个统一的解决方法，还存在很多问题需要研究。而且，实际的图像编码算法设计还必须要考虑计算复杂度这个重要问题，而这在实时的视频图像处理应用领域尤为重要。因此，新的多区域纹理替换算法框架要尽可能地提高计算效率，减少执行时间，以达到实时应用的要求。

第3章提出的多区域图像纹理替换模型能选用最小的区域纹理样本实现中等水平视觉的区域纹理替换，以便最大限度地消除感知冗余。该模型能够获得良好的重建质量；与JPEG、JPEG2000相比，不仅能得到更大的压缩率，还能保留人类视觉最关注的图像信息。但是，现有的多区域图像纹理替换编码模型计算量大、计算复杂，严重制约该编码模型的实时应用。

本章对多区域纹理替换模型的计算复杂度及并发特性进行分析，针对多区域纹理替换模型的计算特点，提出了适用于集群环境的粗粒度（Coarse-grained）多区域纹理替换编码的并行设计模型：基于轮廓的 MPI

并行算法。

6.2 基于轮廓的 MPI 并行算法设计

从第 5 章多区域图像纹理替换模型的串行算法描述可知，多区域图像纹理替换串行执行流程主要包括以下计算过程：多区域提取、区域轮廓结构特征提取、区域纹理样本选择、区域纹理合成、区域轮廓重建及区域纹理填充。上述计算阶段在时间与操作上都存在强烈的数据继承性，即先根据原始图像得到其分割区域，再通过区域轮廓结构特征提取模块得到区域的结构特征系数；同时，通过纹理样本选择模块得到区域纹理样本；然后，通过纹理合成模块得到合成的区域纹理，并通过区域轮廓重建模块得到区域的重构轮廓；最后，把合成的区域纹理填充到重建的区域轮廓中，就实现了一个区域重建。这是一个流水线执行过程。

6.2.1 并行性分析

同时，笔者注意到：在区域轮廓结构特征提取、区域纹理样本选择、区域纹理合成及区域轮廓重构的执行过程中，不同区域之间不存在数据依赖关系，可以并发执行。这一特征为笔者开发基于数据并行的多区域图像纹理替换编码算法提供了依据。笔者从数据流程与相关性的角度给出了基于轮廓的 MPI 并行算法的并行执行过程，如图 6-1 所示；每个进程独立地完成本地区域轮廓结构特征提取、区域纹理样本选择、区域纹理合成及区域轮廓重建这四个计算过程。

6.2.2 划分与通信

从第 6.2.1 节分析可知：区域轮廓结构特征提取、区域纹理样本选择、区域纹理合成及区域轮廓重构这四个计算过程可以并发执行。对于数据并行算法开发而言，为了更好地开发并行性，一般还需要对任务进行更精细的划分。第 2.5 节已经讨论了划分包括域分解和功能分解两种方法。域分解从模型级发掘并行性，将计算区域分割成若干个独立的、规模较小的子区域，使原问题的求解转化为各个子区域问题的求解，一个或若干个子问

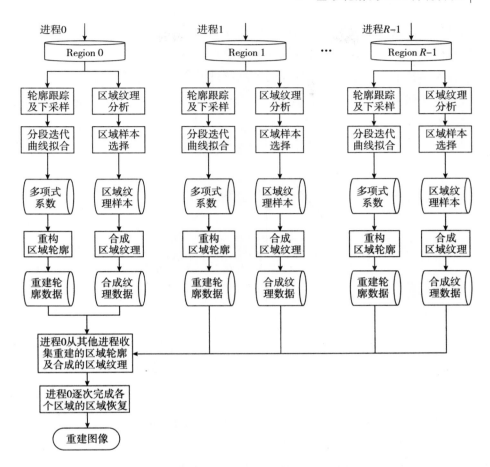

图 6-1 基于轮廓的 MPI 并行算法的数据并行流程

题用一个节点处理，能够体现高效并行算法设计中的"分而治之"的思想。由于笔者开发的并行算法要并行执行的数据是原始图像的各个分割区域，而且通过多区域纹理替换模型中的多区域提取模块可以得到许多待编码区域，也就是说模型中的多区域提取模块已经实现了数据划分的目的，相当于一种特殊的域分解划分方法。在基于轮廓的 MPI 并行算法执行过程中，主进程和所有从进程都执行多区域提取操作，而且进程的标识号与其所负责的区域的索引号是相同的，即每一个区域对应一个进程。

从图 6-2 中可以看出，基于轮廓的 MPI 并行算法在执行过程中会发生的进程通信是数据收集，即当各个进程完成区域轮廓结构特征提取、区域纹理样本选择、区域纹理合成及区域轮廓重构这四个计算任务之后，主进程将收集各个从进程得到的合成的区域纹理及重构的区域轮廓数据，正如图 6-2 中带箭头的粗实线所示。

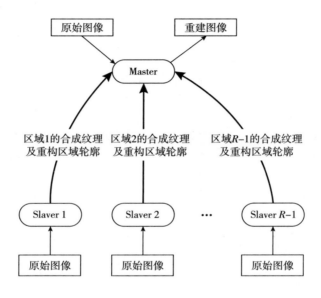

图 6-2　基于轮廓的 MPI 并行算法的任务/通道模型

在基于轮廓的 MPI 并行算法中，合成的纹理样本及重构的区域轮廓数据都会出现在进程通信中，而且图像分辨率越大通信数据量就越大。例如，分辨率为 300 * 300 的图像包含 90000 个像素，即该图像的数据量为 270000Bytes。在这种情况下，如果采用点到点的阻塞通信方式，进程间通信开销势必成倍增加，这违反了以牺牲计算为代价来降低通信的原则，算法的并行效率必然也会明显下降。因此，在并行算法设计时，采用 MPI 组通信策略。组通信是一个进程组中所有进程都参加的全局通信操作。群集通信涉及的进程组及通信上下文都是由群集通信函数的通信域参数决定的。

数据收集。MPI_ Gather（）是多对一的、实现固定长度数据收集功能的组通信接口函数。通信接口函数 MPI_ Gather（）的功能正好与

MPI_ Scatter（）相反。在收集操作执行过程中，每一个进程将其发送缓冲区中的消息发送到根进程中，根进程根据发送进程的进程标识号，将它们各自的数据依次存放到自己的消息缓存区。笔者根据基于轮廓并行算法的设计要求，在实验中编写了区域数据收集操作中对应的函数。同时，在程序设计中采用动态内存分配方法，其内存单元是一片连续存储空间。在每个处理节点上的函数的具体形式如下：

%实现重构的区域轮廓曲线数据收集

MPI_Gather(Contour_recon, NX * NY,

        MPI_UNSIGNED_CHAR,

        Contour_recon_root, NX * NY,

        MPI_UNSIGNED_CHAR,

        0,

        MPI_COMM_WORLD）;

%实现合成的区域纹理数据收集

MPI_Gather(Texture_synth, Destsize * Destsize * 3,

        MPI_UNSIGNED_CHAR,

        Texture_synth_root, Destsize * Destsize * 3,

        MPI_UNSIGNED_CHAR,

        0,

        MPI_COMM_WORLD）;

上述代码中，Contour_ recon 代表各个进程中重构的区域轮廓曲线数据存储空间的起始地址；Contour_ recon_ root 代表进程 0 收集的所有重构的区域轮廓曲线数据存储空间的起始地址；Texture_ synth 代表各个进程中合成的区域纹理数据存储空间的起始地址；Texture_ synth_ root 代表进程 0 收集的所有合成的区域纹理数据存储空间的起始地址。MPI_ UNSIGNED_ CHAR 代表参与运算的数据类型是无符号字符型；MPI_ COMM_ WORLD 代表通信域。

这样就完成了基于轮廓的 MPI 并行算法中的进程间通信任务。在基于轮廓并行程序执行过程中，算法中使用了两次通信接口函数 MPI_ Gather（），以便进程 0 分别将各个进程中重构的区域轮廓与合成的区域纹理收集起来。

然后，进程 0 逐次完成各个区域的区域恢复，最终实现多区域图像重建。

6.2.3 MPI 并行程序

通过对负载平衡策略（详见第 2.5 节）的学习，并依据多区域图像纹理替换模型的算法特征，在 MPI 并行算法设计时，笔者采用静态负载平衡算法。原始图像经过多区域提取模块后得到多个区域，各个不同区域的纹理样本选择及合成操作所需的执行时间是相同的，而区域轮廓特征提取及轮廓重构过程的执行时间是不相同的。但是，前者的执行时间大于后者的执行时间，在某些特殊情况下，前者的执行时间甚至远大于后者的执行时间。因此，处理各个区域的不同进程的执行时间相差不大，在某些特殊情况下，这些进程的执行时间相差是很小的。上述分析说明基于轮廓的 MPI 并行算法基本能够满足负载平衡的要求。

对等模式和主从（Master-Slaver）模式是 MPI 并行程序的两种最基本的设计模式。大部分的 MPI 程序都是这两种模式之一或两者的组合。此外，分治策略也是并行程序设计过程中解决多种问题的通用原则，即将一个计算任务分割成几个能独立处理的子任务，而整个计算任务的计算结果是所有子任务的合并。本章中涉及的 MPI 并行程序均是 SPMD 程序。

基于轮廓的 MPI 并行算法设计是一个基于主从结构设计模型的并行程序。在并行程序中，主进程和所有从进程都能完成区域轮廓结构特征提取、区域纹理样本选择、区域纹理合成及区域轮廓重构的计算任务。当所有进程都完成上述四个计算任务之后，由主进程收集所有从进程得到的合成的区域纹理数据及重构的区域轮廓数据，然后主进程逐次完成所有区域的纹理填充过程，最终实现多区域图像重建。下面对主进程及从进程的具体执行过程进行详细地阐述。

（1）主进程执行过程。

首先，在区域特征提取阶段，主进程完成轮廓跟踪、下采样过程和分段迭代曲线拟合计算任务，得到表征区域轮廓结构特征的多项式系数 p_0，p_1，$\cdots$，p_m；完成区域纹理样本选择计算任务，得到代表区域内部纹理局部及全局特征的纹理样本。其次，在区域重建阶段，主进程执行纹理合成操作得到合成的区域纹理；执行轮廓重构操作得到重构的区域轮廓。最后，通过数据收集接口函数 MPI_ Gather（），主进程收集所有从进程得到的合成的区域纹理数据及重构的区域轮廓数据；紧接着主进程逐次完成各个区域的区域恢复，最终实现多区域图像重建。主进程执行过程的伪代码描述如下：

Master（）

输入：待编码区域，进程总数 P

输出：重建图像

Begin

（1.1）为重建图像 image 分配 $3 * M * N$ 的存储空间

（1.2）为重构的区域轮廓 Q 分配 $P * M * N$ 的存储空间，以存储来自从进程的重构的区域轮廓数据

（1.3）为合成的区域纹理 S 分配 $P * 3 * Msize * Nsize$ 的存储空间，以存储来自从进程的合成的区域纹理数据；这里，$Msize * Nsize$ 是指合成纹理的尺寸

（2.1）执行轮廓跟踪、下采样过程

（2.2）执行分段迭代曲线拟合，从而得到表征区域轮廓结构特征的多项式系数 p_0，p_1，$\cdots$，p_m

（3）截取代表区域内部纹理局部及全局特征的纹理样本

（4）合成区域纹理

（5）重构区域轮廓

（6.1）接收从进程 i 的合成的区域纹理数据

（6.2）接收从进程 i 的重构的区域轮廓数据

（7）Repeat

（7.1）区域恢复

Until $j = P$

（8）输出重建图像

End

（2）从进程执行过程。

首先，在区域特征提取阶段，从进程完成轮廓跟踪、下采样过程和分段迭代曲线拟合计算任务，得到表征区域轮廓结构特征的多项式系数 p_0，

p_1，…，p_m；完成区域纹理样本选择计算任务，得到代表区域内部纹理局部及全局特征的纹理样本。其次，在区域重建阶段，从进程首先执行纹理合成操作得到合成的区域纹理；执行轮廓重构操作得到重构的区域轮廓。最后，通过数据收集接口函数 MPI_Gather（），所有从进程把得到的合成的区域纹理及重构的区域轮廓数据发送给主进程。从进程执行过程的伪代码描述如下：

Slaver（）

输入：待编码区域

输出：无

Begin

（1.1）为重构的区域轮廓分配 $M*N$ 的存储空间

（1.2）为合成的区域纹理分配 $3*Msize*Nsize$ 的存储空间

这里，$Msize*Nsize$ 是指合成纹理的尺寸

（2.1）执行轮廓跟踪、下采样过程

（2.2）执行分段迭代曲线拟合，从而得到表征区域轮廓结构特征的多项式系数 p_0，p_1，…，p_m

（3）截取代表区域内部纹理局部及全局特征的纹理样本

（4）合成区域纹理

（5）重构区域轮廓

（6）向主进程发送请求

（7）将合成的区域纹理数据写入 Master 的 S 中

（8）将重构的区域轮廓数据写入 Master 的 Q 中

End

6.3　实验结果与性能分析

测试实验从图像重建质量、时间性能两个方面进行。其中，时间性能测试包括执行时间、加速比及并行效率。

笔者使用由大量纹理构成的自然场景图像作为测试基于轮廓并行算法和基于参数并行算法的实验图像。在多区域提取模块中，为了使图像同质

检测发挥良好的性能，设置三个参数：TQUAN = − 1，NSCALE = − 1，Threshcolor = 0.8。在分段迭代曲线拟合阶段，分裂阈值通常在 5～10 取值。第 2.5 节详细介绍了并行算法的测试环境。在每一个实验图像的并行多区域纹理替换实验中，在相同的条件下笔者都进行了 20 组仿真实验，取其中一组实验结果。

6.3.1　图像重建质量分析

为了表述方便，基于轮廓的 MPI 并行多区域纹理替换算法被称为 Contour based MPI Parallel Algorithm。图 6-3 给出了多区域条件下图像重建实验结果，第一行是原始图像，第二行是重建图像。从图 6-3 中可以看到原始图像与重建图像之间存在或多或少的误差，这主要是由区域合成纹理引起的，而重建区域轮廓的误差是不明显的。这和第 3.6 节的实验结果分析是相同的，因此这里不赘述。

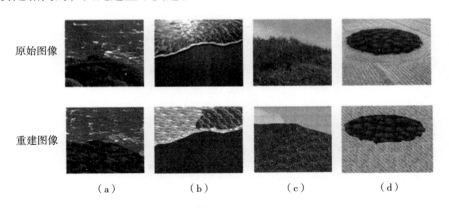

原始图像

重建图像

（a）　　　　　（b）　　　　　（c）　　　　　（d）

图 6-3　基于轮廓的 MPI 并行算法的多区域图像重建结果

6.3.2　时间性能分析

在时间性能测试中，笔者使用图 6-3（a）和图 6-3（b）中的原始图像进行了两组实验，在不同的区域个数条件下，测试串行算法和并行算法的执行时间，以及并行算法的加速比及并行效率，如图 6-4 所示。

由图 6-4（a）可知，并行算法的并行执行时间远低于串行程序的执行时间；而且区域个数越多，并行算法节省的图像重建时间就越多。

图 6-4（b）展示了加速比与进程数对比关系；图 6-4（c）展示了并行效率与进程数对比关系。可以看出，随着处理器个数的增加，并行算法的加速比在增加，效率却在下降。这主要是因为随着处理器个数的增加，进程间的数据传递增加，通信开销也随着增加，从而影响了并行算法的加速比及效率。

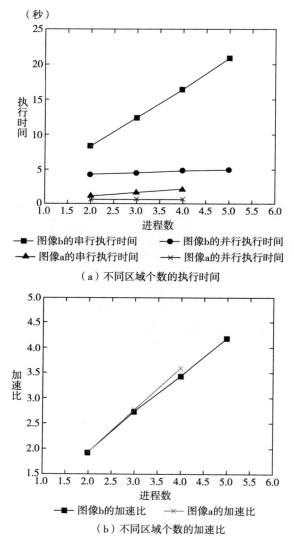

（a）不同区域个数的执行时间

（b）不同区域个数的加速比

图 6-4 基于轮廓的 MPI 并行算法的执行时间、加速比及并行效率

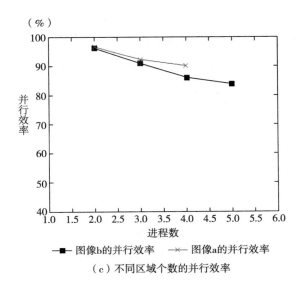

（c）不同区域个数的并行效率

图 6-4 基于轮廓的 MPI 并行算法的执行时间、加速比及并行效率（续）

6.4 本章小结

　　笔者根据多区域图像纹理替换模型潜在的并行特性——区域轮廓结构特征提取与纹理样本选择阶段没有数据依赖关系，建立了多区域纹理替换编码的并行设计模型。该模型可分为如下阶段：并行性分析、数据划分、进程间通信、聚集与映射、MPI 并行程序、并行算法的性能测试实验。根据上述并行设计模型，笔者开发了一种基于轮廓的 MPI 并行多区域纹理替换算法（称为 Contour based MPI Parallel Algorithm）。

　　本章根据区域轮廓结构特征提取、区域纹理样本选择、区域纹理合成及区域轮廓重构这四个阶段，以及区域之间不存在数据依赖的特征，结合分治并行策略，开发了基于轮廓的 MPI 并行算法。在并行算法设计过程中，采用区域分解的方法进行区域数据划分，保证了并行计算任务在各个处理器上的均衡分配；组通信策略实现了不同处理器之间的数据传递，最小化了节点之间的数据通信。实验结果表明，在保证重建图像质量的条件下，基于轮廓的 MPI 并行多区域纹理替换算法的执行时间明显低于串行算法；而且，区域个数越多，并行算法节省的图像重建时间就越多。

今后仍需要研究的方面有：现有的并行算法中，进程间通信量会随着处理器增加而增大。如何优化进程通信，降低进程通信在算法执行中的开销。

7

基于参数的MPI并行算法

7.1 引言

实际的图像编码算法设计必须考虑计算复杂度这个重要问题，而这在实时的视频图像处理应用领域尤为重要。因此，新的多区域图像纹理替换算法框架要尽可能地提高计算效率，减少执行时间，以达到实时应用的要求。

本章对多区域图像纹理替换模型的串行算法描述的计算复杂度及并发特性进行分析，针对多区域纹理替换模型的计算特点，提出了适用于集群环境的粗粒度（Coarse-grained）多区域纹理替换编码的并行设计模型。根据该并行设计模型，笔者开发了基于主从设计模式的并行算法：基于参数的 MPI 并行算法。

7.2 基于参数的 MPI 并行算法设计

7.2.1 并行性分析

多区域图像纹理替换算法是一个流水线执行过程。第 6 章提出的基于轮廓的 MPI 并行算法的依据是区域之间的编码操作没有数据依赖关系，即每个进程独立地计算本地区域的轮廓结构特征提取、区域纹理样本选择、区域纹理合成及区域轮廓重建这四个过程。但是，在基于轮廓的 MPI 并行算法执行过程中，进程间传递的区域重建轮廓信息通信数据量大而且这些通信数据中只有很少一部分对图像重建是有用的。

因此，为了消除进程间不必要的通信开销、有效地降低通信量，只需要传递代表区域轮廓结构特征的多项式系数 p_0，p_1，…，p_m，笔者在基于轮廓并行算法的基础上，提出了基于参数的 MPI 并行算法，该并行算法的数据并行流程如图 7-1 所示。每个进程独立地完成本地区域轮廓结构特征提取、区域纹理样本选择及区域纹理合成这三个计算过程。

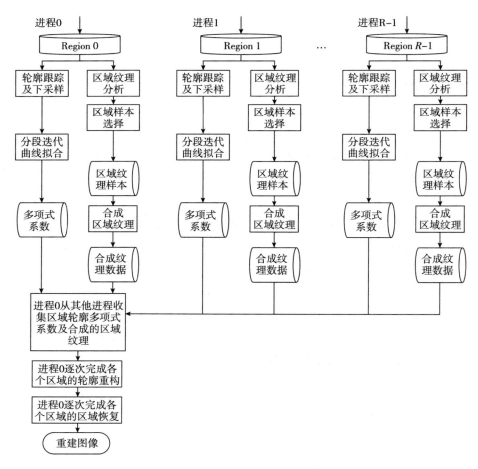

图 7-1 基于参数的 MPI 并行算法的数据并行流程

7.2.2 划分与通信

从第 7.2.1 节分析可知：区域轮廓结构特征提取、区域纹理样本选择及区域纹理合成这三个阶段可以并发执行。对于数据并行算法开发来说，为了更好地开发并行性，一般还需要对任务进行更精细的划分。与基于轮廓并行算法不同，在基于参数并行算法设计中，原始图像中所有区域的轮廓重建计算任务都由主进程来完成。划分方法包括域分解和功能分解两种（详见第 2.5 节）。在基于参数的 MPI 并行算法设计过程中，并行执行的数据是原始图像的各个分割区域，而且通过多区域图像纹理替换模型中的多区域提取模块就可以得到许多待编码的区域，也就是说模型中的多区域提取模块已经实现了数据划分的目的，相当于一种特殊的域分解划分方法。在基于参数并行算法执行过程中，主进程和所有从进程都执行多区域提取操作，而且进程的标识号与其所负责的区域的索引号是相同的，即每一个区域对应一个进程。

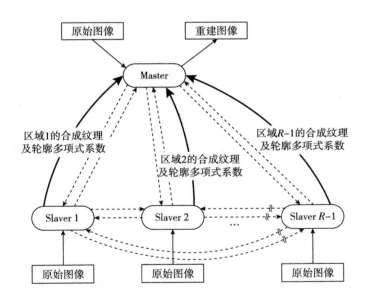

图 7-2 基于参数的 MPI 并行算法的任务/通道模型

由图 7-2 可知，基于参数的 MPI 并行算法在执行过程中会发生的进程通信包括：①数据收集：当各个进程完成区域纹理样本选择及区域纹理合成计算之后，主进程将收集各个从进程得到的合成的区域纹理。正如图 7-2 中带箭头的粗实线所示。②数据组收集：当各个进程完成区域轮廓特征提取操作之后，每一个进程将收集其他所有进程得到的多项式系数的个数，为收集区域轮廓多项式系数做准备。正如图 7-2 中带箭头的虚线所示。③数据可变收集：当每一个进程都获得其他所有进程的多项式系数的个数之后，主进程将收集各个从进程所得到的表征区域轮廓特征的多项式系数。正如图 7-2 中带箭头的粗实线所示。

在基于参数的 MPI 并行算法的设计中，笔者仍然采用组通信接口进行 MPI 并行算法设计。其中，数据收集使用的组通信接口函数是 MPI_ Gather（），这和基于轮廓并行算法中使用的收集接口是完全一样的，故不再过多介绍。这里重点介绍的是实现数据组收集的接口函数 MPI_ ALLGather（）与实现数据可变收集的接口函数 MPI_ Gatherv（）。

（1）数据组收集。

MPI_ ALLGather（）相当于每一个进程都作为根进程执行一次 MPI_ Gather（）通信过程，即每一个进程都收集到了其他所有进程的数据，是一种多对多通信方式。MPI_ ALLGather（）函数与 MPI_ Gather（）函数的参数意义是相同的。笔者根据基于参数并行算法的设计要求，在实验中编写了区域轮廓多项式系数个数的组收集操作中对应的函数。同时，在程序设计中采用动态内存分配方法，其内存单元是一片连续存储空间。在每个处理节点上的函数的具体形式如下：

```
MPI_Allgather( &Para_num,
               1,MPI_INT,
               pCounts,
               1,MPI_INT,
               MPI_COMM_WORLD）;
```

上述代码中，Para_ num 是指各个进程中区域轮廓多项式系数的个数；pCounts 是指各个进程收集的所有区域轮廓多项式系数的个数集合的起始地址；MPI_ INT 是指参与运算的数据类型是无符号字符型；MPI_ COMM_ WORLD 代表通信域。

（2）数据可变收集。

MPI_ Gaterv 是多对一的、实现可变数据收集功能的组通信接口函数。MPI_ Gaterv 接口的功能正好与 MPI_ Scatterv 接口相反。在收集操作执行过程中，每一个进程将其发送缓冲区中的消息发送到根进程中，根进程根据发送进程的进程标识号，将各自的数据依次存放到自己的消息缓存区。笔者根据基于参数并行算法的设计要求，在实验中编写了区域轮廓多项式系数的数据可变收集操作中对应的函数。在每个处理节点上的函数的具体形式如下：

MPI_Gatherv(Para_temp，

Para_size，MPI_DOUBLE，

Para_root，

pCounts，pDisp，MPI_DOUBLE，

0，

MPI_COMM_WORLD)；

上述代码中，Para_ temp 是指各个进程中区域轮廓多项式系数数据存储空间的起始地址；Para_ size 是指各个进程中区域轮廓多项式系数的个数；Para_ root 是指进程 0 收集的所有区域轮廓多项式系数数据存储空间的起始地址；pCounts 是一个整型数组，其元素值为从各个进程接收的轮廓多项式系数的数据个数；pDisp 是一个整型数组，其元素值为从各个进程接收的轮廓多项式系数数据在根进程缓存区的首地址偏移量；MPI_ DOUBLE 是指参与运算的数据类型是无符号字符型；MPI_ COMM_ WORLD 代表通信域。

这样，就完成了基于参数的 MPI 并行算法中的进程间通信任务。在并行程序执行过程中，算法中使用了一次数据收集接口函数 MPI_ Gather ()，一次数据组收集接口函数 MPI_ ALLGather () 与一次数据可变收集接口函数 MPI_ Gaterv ()，分别将各个进程中区域轮廓多项式系数与合成的区域纹理收集起来，以便进程 0 逐次完成区域轮廓重构及区域恢复，并最终实现多区域图像重建。

7.2.3 并行程序

通过对负载平衡（详见第 2.5 节）的学习，并依据多区域纹理替换模

型的算法特征，在基于参数并行算法设计时，笔者仍然采用静态负载平衡算法。原始图像经过多区域提取模块后得到多个区域，各个不同区域的纹理样本选择及合成操作所需的执行时间是相同的，而区域轮廓特征提取过程的执行时间是不相同的。但是，前者的执行时间大于后者的执行时间，在某些特殊情况下，前者的执行时间甚至远大于后者的执行时间。因此，处理各个区域的不同进程的执行时间相差不大，在某些特殊情况下，这些进程的执行时间相差是很小的。上述分析说明基于参数的 MPI 并行算法基本能够满足负载平衡的要求。在基于参数的 MPI 并行算法设计中，所有区域的区域轮廓重建计算任务是由主进程逐次完成的。

基于参数的 MPI 并行算法设计仍然是一个基于主从结构设计模型的并行程序。在基于参数的 MPI 并行算法中，主进程和所有从进程都执行区域轮廓结构特征提取、区域纹理样本选择及区域纹理合成这三个计算任务。进程任务完成后，由主进程收集所有从进程得到的合成的区域纹理数据及表征区域轮廓特征的多项式系数，然后主进程逐次完成所有区域的区域轮廓重建及区域纹理填充操作，最终实现多区域图像重建。下面对主进程及从进程的具体执行过程进行详细地阐述。

（1）主进程执行过程。

首先，在区域特征提取阶段，主进程完成轮廓跟踪、下采样过程和分段迭代曲线拟合计算任务，得到表征区域轮廓结构特征的多项式系数 p_0，p_1，$\cdots$，p_m；完成区域纹理样本选择计算任务，得到代表区域内部纹理局部及全局特征的纹理样本。其次，主进程执行纹理合成操作得到合成的区域纹理。再次，通过数据收集接口函数 MPI_ Gather（），主进程收集所有从进程得到的合成的区域纹理数据；通过数据组收集接口函数 MPI_ ALL-Gather（），主进程收集其他所有进程所得到的多项式系数的个数；当主进程获得其他所有进程的多项式系数的个数之后，主进程将通过数据可变收集接口函数 MPI_ Gatherv（）收集各个从进程所得到的表征区域轮廓特征的多项式系数。最后，主进程逐次完成所有区域的区域轮廓重建及区域纹理填充操作，最终实现多区域图像重建。主进程执行过程的伪代码描述如下：

Master（）

输入：待编码区域，进程总数 P

输出：重建图像

Begin

（1.1）为重建图像 image 分配 $3*M*N$ 的存储空间

（1.2）为表征区域轮廓结构特征的多项式系数 L 分配存储空间，以存储来自从进程的多项式系数信息

（1.3）为合成的区域纹理 S 分配 $P*3*Msize*Nsize$ 的存储空间，以存储来自从进程的合成的区域纹理数据；这里，$Msize*Nsize$ 是合成纹理的尺寸

（2.1）执行轮廓跟踪、下采样过程

（2.2）执行分段迭代曲线拟合，从而得到表征区域轮廓结构特征的多项式系数 p_0，p_1，$\cdots$，p_m

（3）截取代表区域内部纹理局部及全局特征的纹理样本

（4）合成区域纹理

（5）接收从进程 i 的合成区域纹理数据

（6.1）接收从进程 i 的多项式系数的个数

（6.2）接收从进程 i 的多项式系数

（7）Repeat

（7.1）区域轮廓重建

（7.2）区域恢复

Until $j=P$

（8）输出重建图像

End

（2）从进程执行过程。

首先，在区域特征提取阶段，各个从进程完成轮廓跟踪、下采样过程和分段迭代曲线拟合计算任务，得到表征区域轮廓结构特征的多项式系数 p_0，p_1，$\cdots$，p_m；完成纹理样本选择计算任务，得到代表区域内部纹理局部及全局特征的纹理样本。其次，从进程执行纹理合成操作得到合成的区域纹理。再次，通过数据接收接口函数 MPI_ Gather（），从进程把合成的区域纹理发送给主进程。最后，通过数据组收集接口函数 MPI_ ALLGather

（），各个从进程收集其他所有进程所得到的区域轮廓多项式系数的个数；当各个从进程获得其他所有进程的区域轮廓多项式系数的个数之后，通过数据可变收集接口函数 MPI_ Gatherv（），各个从进程把表征区域轮廓特征的多项式系数发送给主进程。从进程执行过程的伪代码描述如下：

Slaver（）

输入：待编码区域

输出：无

Begin

（1.1）为表征轮廓结构特征的多项式系数分配存储空间

（1.2）为合成的区域纹理分配 $3 * Msize * Nsize$ 的存储空间

这里，$Msize * Nsize$ 是指合成纹理的尺寸

（2.1）执行轮廓跟踪、下采样过程

（2.2）执行分段迭代曲线拟合，从而得到表征区域轮廓结构特征的多项式系数 p_0，p_1，$\cdots$，p_m

（3）截取代表区域内部纹理局部及全局特征的纹理样本

（4）合成区域纹理

（5.1）向主进程发送请求

（5.2）将合成的区域纹理数据写入 Master 的 S 中

（6）收集其他所有进程所得到的多项式系数的个数

（7）将区域轮廓多项式系数写入 Master 的 L 中

End

7.3　实验结果与性能分析

测试实验从图像重建质量、时间性能两个方面进行。其中，时间性能测试包括执行时间、加速比及并行效率。

笔者使用由大量纹理构成的自然场景图像作为测试基于轮廓并行算法和基于参数并行算法的实验图像。在多区域提取模块中，为了使图像同质检测发挥良好的性能，设置三个参数：TQUAN = - 1，NSCALE = - 1，Threshcolor = 0.8。在分段迭代曲线拟合阶段，分裂阈值通常在 5~10 取值。

第2.4.3节详细介绍了并行算法的测试环境。在每一个实验图像的并行多区域纹理替换编码实验中，在相同的条件下都进行了20组仿真实验，取其中一组实验结果。

7.3.1 图像重建质量分析

为了表述方便，基于参数的 MPI 并行多区域纹理替换算法被称为 Parameter based MPI Parallel Algorithm。图7-3给出了多区域条件下图像重建实验结果，第一行是原始图像，第二行是重建图像。从图7-3中可以看到原始图像与重建图像之间存在或多或少的误差，这主要是由区域合成纹理引起的，而重建区域轮廓的误差是不明显的。这和第3.6节的实验结果分析是相同的，因此这里不赘述。

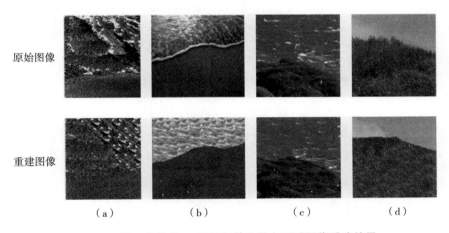

原始图像

重建图像

（a）　　　　　（b）　　　　　（c）　　　　　（d）

图7-3　基于参数的 MPI 并行算法的多区域图像重建结果

7.3.2 时间性能分析

在时间性能测试中，笔者使用图7-3（a）和图7-3（b）中的原始图像进行了两组实验，在不同的区域个数条件下，测试串行算法和并行算法的执行时间，以及并行算法的加速比及并行效率，如图7-4所示。

由图7-4（a）可知，并行算法的执行时间远低于串行程序的执行时间；而且区域个数越多，并行算法节省的图像重建时间就越多。

图7-4（b）给出了加速比与进程数对比关系；图7-4（c）给出了并

行效率与进程数对比关系。可以看出，随着处理器个数的增加，并行算法的加速比在增加，但效率在下降。这主要是因为随着处理器个数的增加，进程间的数据传递增加，通信开销也随着增加，从而影响了并行算法的加速比及效率。

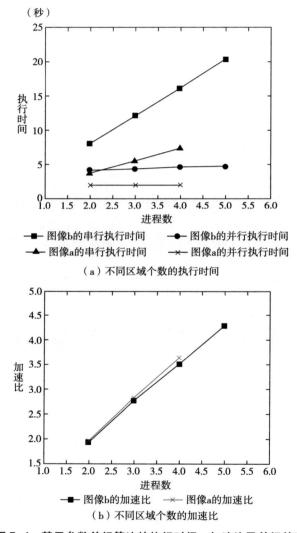

（a）不同区域个数的执行时间

（b）不同区域个数的加速比

图 7-4　基于参数并行算法的执行时间、加速比及并行效率

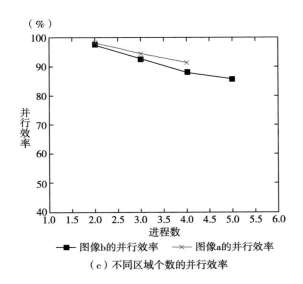

（c）不同区域个数的并行效率

图 7-4　基于参数并行算法的执行时间、加速比及并行效率（续）

7.4　两种 MPI 并行算法的时间对比分析

　　本节使用图 7-3（b）中原始图像作为实验图像，在相同区域个数条件下，对基于轮廓的 MPI 并行算法与基于参数的 MPI 并行算法的执行时间、加速比及并行效率进行了测试及对比分析，如图 7-5 所示。

　　由图 7-5（a）可知，基于轮廓的 MPI 并行算法对应的串行执行时间略大于基于参数的 MPI 并行算法对应的串行执行时间，但是两者的时间差值小。基于轮廓的 MPI 并行算法的并行执行时间略大于基于参数的 MPI 并行算法的并行执行时间，但是两者的时间差值也小。

　　由图 7-5（b）可知，基于轮廓的 MPI 并行算法的加速比略小于基于参数的 MPI 并行算法的加速比，但是两者的加速比差值非常小。

　　由图 7-5（c）可知，基于轮廓的 MPI 并行算法的并行效率略小于基于参数的 MPI 并行算法的并行效率，但是两者的并行效率差值也很小。

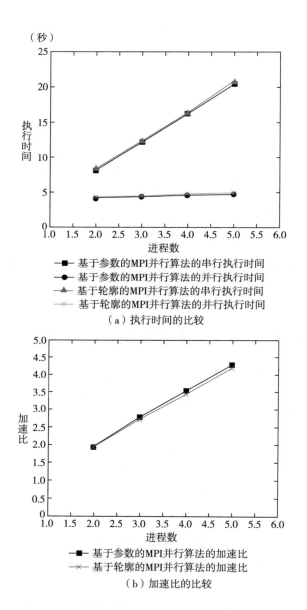

（a）执行时间的比较

（b）加速比的比较

图7-5　两种 MPI 并行算法的执行时间、加速比及并行效率比较

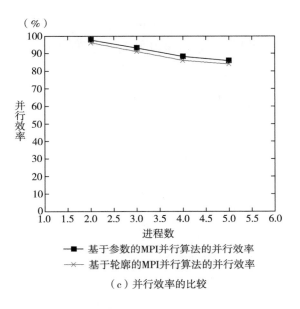

（c）并行效率的比较

图 7-5　两种 MPI 并行算法的执行时间、加速比及并行效率比较（续）

7.5　本章小结

笔者根据多区域图像纹理替换模型潜在的并行特性——区域轮廓结构特征提取与纹理样本选择阶段没有数据依赖关系，建立了多区域纹理替换编码的并行设计模型。该模型可分为如下阶段：并行性分析、数据划分、进程间通信、聚集与映射、MPI 并行程序、并行算法的性能测试实验。笔者开发了基于参数的 MPI 并行多区域纹理替换算法（称为 Parameter based MPI Parallel Algorithm）。

本章根据区域轮廓结构特征提取、区域纹理样本选择、区域纹理合成这三个阶段，区域之间不存在数据依赖的特征，结合分治并行策略，开发了基于参数的 MPI 并行算法。基于参数的 MPI 并行算法设计时，进程间只传递表征区域轮廓结构信息的参数，从而有效地降低数据通信量。实验结果表明，在保证重建图像质量的情况下，基于参数的 MPI 并行多区域纹理替换算法的执行时间明显低于串行算法。而且，区域个数越多，并行算法节省的图像重建时间就越多。另外，本章对基于轮廓的 MPI 并行算法和基于参数的 MPI 并行算法的时间效率也进行了简要对比分析。

8

混合MPI与OpenMP的并行算法

8.1 引言

基于多区域纹理替换模型可以看出，区域轮廓结构特征提取、区域轮廓重建、区域纹理样本选择、区域纹理合成四个阶段在时间与操作上存在数据继承性；虽然每个阶段是流水执行，但不同区域之间的操作却无数据依赖性，这些特征为开发并行算法提供了可能。为了充分利用多区域图像纹理替换过程中潜在的并行特性，本章提出了一种混合 MPI 与 OpenMP 并行算法设计模型，包括 MPI 并行设计与 OpenMP 并行设计。图 8-1 给出了混合 MPI 与 OpenMP 的图像纹理替换并行算法流程。

8.2 MPI 并行设计

根据背景图像重建中区域之间潜在的并发特性，采用基于 Foster（1995）描述的任务/通道模型设计方法开发基于数据并行的分布式 MPI 并行设计。将并行计算表示为一系列任务，任务之间通过使用通道发送消息进行相互通信。

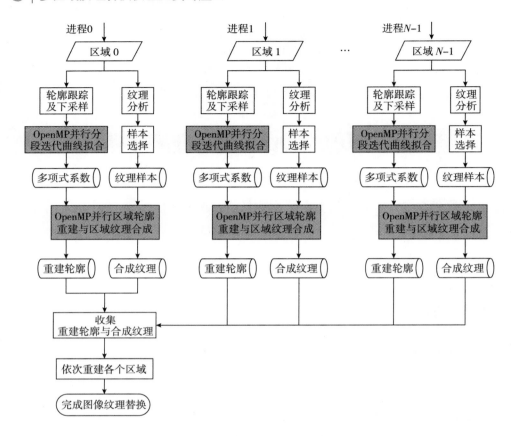

图 8-1　混合 MPI 与 OpenMP 的图像纹理替换并行算法流程

为了阐述方便，假定原始图像的区域个数是 N，则每个区域的索引号分别是 0，1，2，$\cdots$，N。在 MPI 并行执行过程中，每个区域映射为一个计算任务，每个计算任务对应一个进程。主进程的标识号是 0，其他进程的标识号分别是 1，2，$\cdots$，N。负责某个区域计算任务的进程的标识号和该区域的索引号必须是相同的，例如进程 0 负责索引号为 0 的区域。同时，为了减少通信消耗，提高运算速度，本章采用同步通信策略；为了最小化通信代价，采用 MPI 组通信完成进程间数据通信。

首先，使用 MPI_ Bcast（）将进程 0 得到的原始图像数据与区域索引号列表分发给每一个进程。根据区域索引号列表，每一个进程提取所负责区域的轮廓结构特征并实现区域轮廓重建；选取所负责区域的纹理样本并合成区域纹理。其次，使用 MPI_ Gather（）把重建的区域轮廓与合成的区域纹理收集到进程 0。最后，进程 0 依次重建各个区域，实现图像纹理替换。

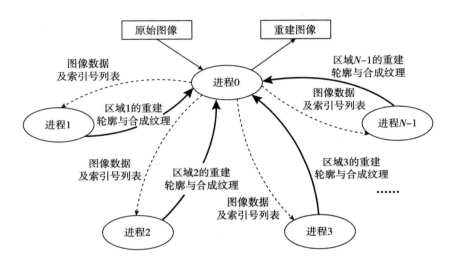

图 8-2　MPI 并行任务/通道示意图

本章使用任务/通道示意图直观地描述基于主从模式的 MPI 并行设计的进程间通信过程，如图 8-2 所示。带箭头的虚线是通道，用于进程 0 发送原始图像数据和区域索引号列表。粗实线箭头是通道，用于进程 0 收集重建的区域轮廓与合成的区域纹理。显而易见，其他进程之间没有通信开销。

8.3　OpenMP 并行设计

为了充分利用图像纹理替换的潜在并行特性，本节采用基于 Fork/Join 模型设计方法开发基于数据并行与功能并行的多线程 OpenMP 并行设计。基于共享存储模型的 OpenMP 并行执行过程中，线程之间不会产生通信开销。

由多区域图像纹理替换模型可知，分段迭代曲线拟合在区域轮廓结构特征提取过程中起着关键的作用，因此它的执行时间不容忽视。而且随着图像尺寸的增加，执行分段迭代曲线拟合所消耗的时间必将增加。这必然会影响并行算法的效率。为了解决这个问题，本节开发了分段迭代曲线拟合的 OpenMP 并行设计。区域轮廓重建与区域纹理合成是图像纹理替换的两个不同的功能模块，可把它们分配到两个线程中并行执行，因此本节开发了区域轮廓重建与区域纹理合成的 OpenMP 并行设计。图 8-3 给出了两个 OpenMP 并行设计的伪代码。

```
.................
#pragma omp parallel sections
{
    #pragma omp section
    {
      /* 计算子曲线段的多项式系数 */
    }
    #pragma omp section
    {
      /* 计算子曲线段的多项式系数 */
    }
       ⋮
    #pragma omp section
    {
      /* 计算子曲线段的多项式系数 */
    }
}
.................
```

```
.................
#pragma omp parallel sections
{
    #pragma omp section
    {
      /* 重建区域轮廓 */
    }

    #pragma omp section
    {
      /* 合成区域纹理 */
    }
}
.................
```

图 8-3　两个 OpenMP 并行设计的伪代码

混合 MPI 与 OpenMP 的图像纹理替换并行算法能实现有效的负载平衡。

一方面，在 MPI 并行执行过程中，各个区域具有相同的纹理样本尺寸与纹理合成参数，因此区域纹理的样本选择与合成所用时间是一样的。而各个区域的轮廓结构是不同的，因此区域轮廓的结构特征提取与重建所用时间是不同的。但是，在实际测试中，由于后者所用时间小于前者所用时间，因此进程之间的总执行时间的差异是小的。

另一方面，虽然每个区域的轮廓结构是不同的，但是分段迭代曲线拟合的 OpenMP 并行执行时间几乎是相同的。而区域轮廓重建与区域纹理合成的 OpenMP 并行执行时间是相同的。因此，负责各个区域的进程之间的总执行时间的差别将变得更小。OpenMP 并行设计有利于负载平衡。

8.4   实验结果与性能分析

本算法用 C 语言、MPI 及 OpenMP 实现。实验环境是高性能计算集群系统，配置了符合 MPI-2 标准的消息通信库。该集群系统有 8 个计算节点，每个节点的配置为：2 个 Intel Quad-core Xeon X5430（2.66GHz）处理器、16 GB ECC Fully Buffered DDR2 667MHz 内存、320GB SATA II 3.0Gb/s 硬盘、Infiniband 网络连接接口卡、双千兆以太网接口、操作系统为 Windows HPC Server 2008 与 RedHat Linux。

8.4.1   图像重建质量分析

多区域图像纹理替换的目的不是使重建图像与原始图像完全一致，而是尽可能使人眼看起来自然、不令人感到讨厌。实验结果（见图 8-4）表明，图像纹理替换结果存在一定程度的视觉损伤。而区域的非纹理细节信息的丢失是引起视觉损伤的主要原因。

8.4.2   时间性能分析

使用图 8-4（c）和图 8-4（e）中的原始图像作为测试并行算法的执行时间、加速比和并行效率的实验图像。同时考虑到原始图像的实际形状与纹理特征，图 8-4（c）中的原始图像的区域个数分别为 2、3、4 和 5。图 8-4（e）

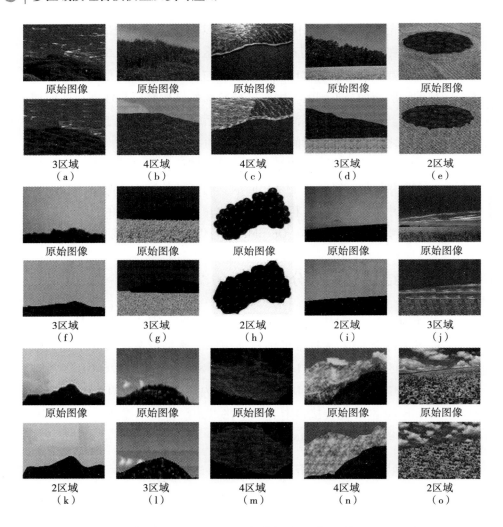

图 8-4　混合 MPI 与 OpenMP 并行算法的多区域图像纹理替换结果

中的原始图像的区域个数分别为 2、3、4、5、6、7 和 8。并行算法的线程数是可以任意设置的。实际测试时设定线程数为 2。测试结果如图 8-5 所示。

　　通过对测试结果的对比分析，发现并行算法的执行时间明显小于串行算法，而且区域个数越多，节省的执行时间也越多。并行算法能得到高的加速比，而且区域个数越多，加速比就会越大。然而当处理器的个数增加时，并行效率将降低，因此对图像纹理替换的并行算法设计仍需进一步的研究和改进。综上所述，混合 MPI 与 OpenMP 的图像纹理替换并行算法是切实可行的。随着并行计算技术的进一步发展，本章的并行算法必将获得更好的性能。

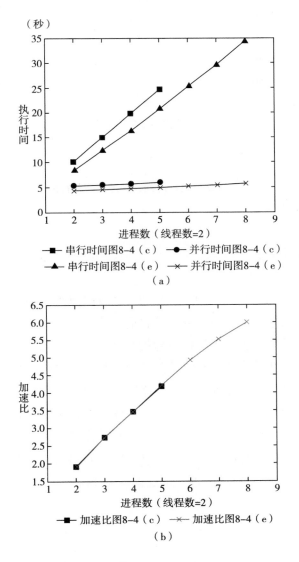

图 8-5　并行算法的执行时间、加速比与并行效率

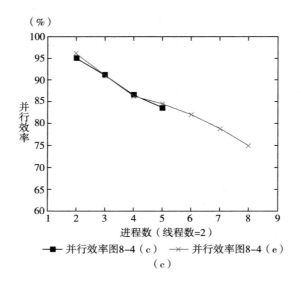

（c）

图 8-5　并行算法的执行时间、加速比与并行效率（续）

8.5　本章小结

　　本章提出的混合 MPI 与 OpenMP 的多区域图像纹理替换并行算法能选用最小的区域纹理样本，并使用区域的轮廓结构与纹理信息简洁可靠地表征图像。实验结果表明，并行算法能获得符合人眼视觉要求的、恰当的重建图像，大大降低了图像重建所需数据量。并行算法的执行时间明显低于串行算法，而且区域个数越多，并行算法节省的图像重建时间就越多，加速比就越大。图像纹理替换并行算法的设计还有很多问题有待研究，今后的工作将围绕以下几个方面展开：通过集群计算机系统来实现图像纹理替换并行算法虽然便于对算法的验证，但对资源的利用率不高。下一步拟采用可编程逻辑器件（PFGA）进一步提高系统性能。

9

基于融合细分的多区域纹理图像重构模型

9.1 引言

随着数字多媒体技术的发展，人们对高效的图像信息处理提出了更高的要求。现有的基于像素/块的图像处理技术忽略了图像的层级结构，无法直接用于内容分析；而基于对象的图像处理技术则难以满足图像处理在通用性方面的需求（Sikora，2005）。因此，如何找到一种更加有效的图像表征方法一直是图像处理领域的研究热点与难点问题。

纹理是表达图像内容的一个非常重要的属性，它广泛存在于各类图像中。纹理图像通常构成图像或视频的静止背景。图像中的纹理分为两大类：不重要主观细节纹理和重要主观细节纹理（Ndjiki-Nya et al.，2009）。由于人类视觉系统固有的缺陷，图像中的纹理通常是人眼不关注的那部分内容，纹理细节的变化不会影响对原始纹理的主观理解。近年来，基于样图的纹理合成在图像修复、压缩编码、纹理传输等方面有着广泛的应用（Zujovic et al.，2013）。Efros 和 Freeman（2001）提出一种计算较简单的 Image Quilting 算法，通过计算纹理重叠区域的累积误差和最小误差路径进行纹理拼接。而旋转的 Wang Tiles 纹理合成算法（Wang et al.，2013）能够克服 Wang Tiles 存在的样图利用不完全、切割路径非最优、中心和拐角区域不匹配等问题。

图像中的线结构是指用来定义目标形状的轮廓或划分区域的边界，是图像的形状特征表达（Gao et al.，2011）。早期的形状描述方法使用二进制图像，基于二进制边缘的方法有很多，如多边形近似、曲率的频域表示等。Zhang 和 Lu（2004）系统阐述了两类图像形状的表示算法：一类是基于轮廓；另一类是基于区域。每一类形状表示算法可分为结构方法和全局方法，并适用于空域和变换域。

利用图像的线结构与纹理特性，本章提出利用三重逼近与三重插值统一的融合细分方法，重建区域轮廓曲线；将合成的区域纹理填充到重建的区域轮廓曲线中，从而得到多区域纹理图像重构结果。实验结果表明本章算法重构的图像质量良好。

9.2 模型设计

图 9-1 是本章提出的基于融合细分的多区域纹理图像重构模型结构流程，主要包括预处理、融合细分和重构纹理图像三个阶段。

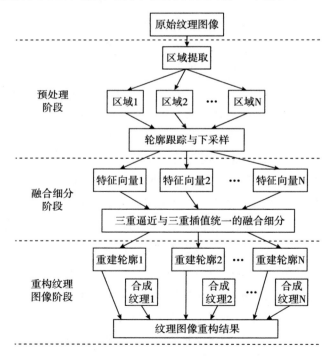

图 9-1 基于融合细分的多区域纹理图像重构模型结构流程

9.2.1 预处理

原始图像被分割为许多包含同质颜色与纹理特征的小分割区域（Deng and Manyunath，2001）。同时考虑到纹理样本选择对分割结果是敏感的，空间紧邻的小分割区域必须合并成较大的区域。每个区域获得一个唯一的索引号。

利用轮廓跟踪算法得到一个由区域边界曲线上的像素点组成的有序序列。然后，按照随机间隔进行有序抽样即下采样提取，得到代表区域轮廓形状的特征向量 (x_s, y_s)，其中 s 是向量元素在区域轮廓曲线上的位置序号。

9.2.2 逼近与插值统一的融合细分

细分方法是由计算机通过细分规则不断加细，直接生成曲线曲面的一类方法。实际上存在着这样一类方法，它根据参数的特殊取值来判定格式是逼近型的还是插值型的，这种利用参数将逼近和插值组合在一起的细分格式被称为融合型细分。融合型细分衍生出具有良好性质的新格式，并将这类新格式与现有格式进行比较。数值实例表明，这类融合型格式通过选取合适的参数值，其生成的极限曲线具有较好的保形性。

为了得到插值与逼近统一的融合细分方法，本节用新的角度观察三重逼近细分。

首先，设定初始控制顶点 P_i^0 $(i=1, 2, \cdots, n)$。

其次，在 P_i^0 和 P_{i+1}^0 之间的 $\frac{1}{3}$ 和 $\frac{2}{3}$ 处分别插入两个新的顶点 P_{3i+1}^0 和 P_{3i+2}^0：

$$P_{3i+1}^0 = \frac{2}{3}P_i^0 + \frac{1}{3}P_{i+1}^0, \quad P_{3i+2}^0 = \frac{1}{3}P_i^0 + \frac{2}{3}P_{i+1}^0 \tag{9-1}$$

最后，定义位移 Δ_i 如下所示：

$$\Delta_i = -\frac{1}{27}P_{i-1}^0 + \frac{2}{27}P_i^0 - \frac{1}{27}P_{i+1}^0 \tag{9-2}$$

将 P_{3i+1}^0 和 P_{3i+2}^0 分别移到新位置 P_{3i+1}^1 和 P_{3i+2}^1，位移分别是 Δ_i 和 Δ_{i+1}；同时将 P_{3i}^0 移到新位置 P_{3i}^1，其位移恰好是 $4\Delta_i$。根据上述步骤，经过 k 次

修改后，可得到一组新的控制顶点 P^{k+1}。因此，三重逼近细分的递推公式可归纳为：

$$\begin{cases} P_{3i}^{k+1} = P_i^k - 4\Delta_i^k \\[2mm] P_{3i+1}^{k+1} = \dfrac{2}{3}P_i^k + \dfrac{1}{3}P_{i+1}^k - \Delta_i^k \\[2mm] P_{3i+2}^{k+1} = \dfrac{1}{3}P_i^k + \dfrac{2}{3}P_{i+1}^k - \Delta_{i+1}^k \end{cases} \tag{9-3}$$

基于上述三重逼近细分的推导方法，可推出新的三重插值细分。首先，保持控制网格中 P_i^0 固定不动；其次，将新插入的顶点 P_{3i+1}^0 和 P_{3i+2}^0 移到新位置 P_{3i+1}^1 和 P_{3i+2}^1，位移分别为 Δ'_{3i+1} 和 Δ'_{3i+2}，其位移方向恰好与三重逼近细分的顶点位移方向相反。Δ'_{3i+1} 和 Δ'_{3i+2} 通过线性加权组合得到，并且满足细分曲线的收敛性和光滑性（Dyn，2002），定义如下：

$$\Delta'_{3i+d} = \omega\Delta_{i+d-1} + \upsilon\Delta_{i+2-d}, \quad d=1,\ 2 \tag{9-4}$$

其中，$\omega = \dfrac{3}{2}(1+\mu)$，$\upsilon = \dfrac{3}{2}(1-\mu)$，$\mu$ 是自由参数。

根据公式（9-4）定义的位移算子，得到三重插值细分新的表示：

$$\begin{cases} P'^{k+1}_{3i} = P_i^k \\[2mm] P'^{k+1}_{3i+1} = \dfrac{2}{3}P_i^k + \dfrac{1}{3}P_{i+1}^k + \omega\Delta_i^k + \upsilon\Delta_{i+1}^k \\[2mm] P'^{k+1}_{3i+2} = \dfrac{1}{3}P_i^k + \dfrac{2}{3}P_{i+1}^k + \upsilon\Delta_i^k + \omega\Delta_{i+1}^k \end{cases} \tag{9-5}$$

然后，利用权值参数 α（$0 \leqslant \alpha \leqslant 1$）得到三重逼近与三重插值统一的融合细分。三重逼近细分规则和三重插值细分规则统一的表示：

$$\begin{cases} P_{3i}^{k+1} = P_i^k - 4\alpha\Delta_i^k \\[2mm] P_{3i+1}^{k+1} = \dfrac{2}{3}P_i^k + \dfrac{1}{3}P_{i+1}^k - \alpha\Delta_i^k + (1-\alpha)(\omega\Delta_i^k + \upsilon\Delta_{i+1}^k) \\[2mm] P_{3i+2}^{k+1} = \dfrac{1}{3}P_i^k + \dfrac{2}{3}P_{i+1}^k - \alpha\Delta_{i+1}^k + (1-\alpha)(\upsilon\Delta_i^k + \omega\Delta_{i+1}^k) \end{cases} \tag{9-6}$$

显然，公式（9-3）和公式（9-5）均为公式（9-6）的特殊情况。当 $\alpha=1$ 时，公式（9-6）代表三重逼近细分；当 $\alpha=0$ 时，公式（9-6）代表三重插值细分；当 $0<\alpha<1$ 时，公式（9-6）可生成介于三重逼近细分和三

重插值细分之间的细分曲线。

图 9-2 给出了一簇由融合细分方法生成的从逼近到插值的细分曲线，权值参数 α 从里到外依次为 1.0、0.8、0.6、0.4、0.2、0.0。最里层的粗实线为逼近细分曲线，最外层的粗实线为插值细分曲线，中间 4 条细实线是介于逼近细分和插值细分之间的细分曲线。实验证明，融合细分中的权值参数 α 能调节细分曲线的插值特性与逼近特性。

图 9-2　融合细分实例

进一步整理公式（9-6），得到三重融合细分方法新的表示：

$$\begin{cases} P_{3i}^{k+1} = a_0 P_{i-1}^k + a_1 P_i^k + a_0 P_{i+1}^k \\ P_{3i+1}^{k+1} = b_0 P_{i-1}^k + b_1 P_i^k + b_2 P_{i+1}^k + b_3 P_{i+2}^k \\ P_{3i+2}^{k+1} = b_3 P_{i-1}^k + b_2 P_i^k + b_1 P_{i+1}^k + b_0 P_{i+2}^k \end{cases} \quad (9-7)$$

其中，$a_0 = \frac{4}{27}\alpha$，$a_1 = 1 - \frac{8}{27}\alpha$，$b_0 = \frac{1}{27} - \frac{1}{27}$（$1-\alpha$）（$\omega+1$），$b_1 = \frac{16}{27} + \frac{1}{27}$

（$1-\alpha$）（$2+2\omega-v$），$b_2 = \frac{10}{27} + \frac{1}{27}$（$1-\alpha$）（$-1-\omega+2v$），$b_3 = -\frac{1}{27}$（$1-\alpha$）$v$，$0 \leqslant$

$\alpha \leqslant 1$，$\omega = \frac{3}{2}$（$1+\mu$），$v = \frac{3}{2}$（$1-\mu$），μ 是自由参数。实验证明，当 $\frac{1}{5} < \mu <$

$\frac{1}{3}$时，三重逼近与三重插值统一的融合细分方法生成的细分极限曲线可达
到 C^2 连续（Pan et al.，2012）。

9.2.3 多区域重构纹理图像

首先，利用自回归统计分析模型对区域内部纹理进行分析。其次，选
择区域纹理样本，合成区域纹理。最后，把合成的区域纹理填充到重建的
区域轮廓曲线中，得到多区域纹理图像重构结果。具体的过程示例如图9-3
所示。

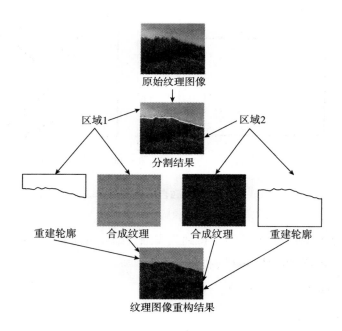

图9-3　基于融合细分的多区域纹理图像重构过程示例

9.3 实验结果与分析

为验证本章给出的基于融合细分的多区域纹理图像重构模型的正确性与有效性，选取大量自然场景图像进行实验，基于 C++ 语言实现算法。实验环境为 3.3GHz，Intel Core i3 处理器，内存 2GB。融合细分中的自由参数 $\mu = \dfrac{3}{10}$，$\alpha = 0.27$。

9.3.1 图像重建质量分析

由实验结果（见图 9-4～图 9-8）可知，本章基于融合细分的多区域纹理图像重构质量优于其他算法。影响纹理图像重构质量的因素主要有两个：①区域轮廓曲线重建结果。如果重建的轮廓曲线不正确，则重建的区域形状就不正确。多区域图像纹理替换模型使用分段迭代曲线拟合重建的区域轮廓不能正确反映区域形状特征；而本章利用融合细分重建的区域轮廓曲线更合理。②重建区域尺寸。为了使重建的区域轮廓曲线是连续、封闭的，多区域图像纹理替换模型使用了膨胀算法，造成重建区域的尺寸误差，而原始区域尺寸越小，这种误差就越明显；本章中重建区域的尺寸是正确的。

（a）原始图像　　（b）分割图像　　（c）MRITS模型算法　　（d）本章算法

图 9-4　实验 1 结果

（a）原始图像　　（b）分割图像　　（c）MRITS模型算法　　（d）本章算法

图 9-5　实验 2 结果

（a）原始图像　　（b）分割图像　　（c）MRITS模型算法　　（d）本章算法

图 9-6　实验 3 结果

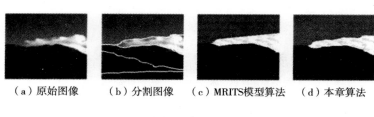

（a）原始图像　　（b）分割图像　　（c）MRITS模型算法　　（d）本章算法

图 9-7　实验 4 结果

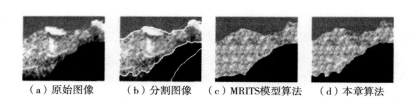

（a）原始图像　　（b）分割图像　　（c）MRITS模型算法　　（d）本章算法

图 9-8　实验 5 结果

9.3.2　视觉显著性主观质量评价

　　本章提出的基于融合细分的多区域纹理图像重构模型的目的并不是使重构纹理图像与原始纹理图像完全一致，而是尽可能使人眼看起来自然、不讨厌。本章采用主观质量评价方法——双刺激失真衡量阶梯（Double Stimulus Impairment Scale，DSIS），挑选 25 名非图像专业的一年级学生作为观测者。表 9-1 是 ITU-R 五分制评分等级。平均意见分（Mean Opinion Score，MOS）代表观测者评分的平均水平；标准差用于计算主观质量评分结果的可信范围即 95% 置信区间。

表 9-1　ITU-R 五分制评分等级

分值	主观质量	视觉损伤
5	优秀	完全察觉不到
4	好	能察觉到，但不令人讨厌
3	一般	稍微令人讨厌
2	较差	令人讨厌
1	差	非常令人讨厌

　　表 9-2 是多区域图像纹理替换模型与基于融合细分的多区域纹理图像重构模型实验结果的视觉质量评价参数值比较。由表 9-2 可知，基于融合细分的多区域纹理图像重构模型的实验结果与多区域图像纹理替换模型相比较，MOS 值分别提高了 0.84、0.80、0.76、0.80、0.48。比较其他实验的 MOS 值，实验 5 的 MOS 值仅提高了 0.48，这是由于该幅图像的区域轮廓曲线基本是平滑的，分段迭代曲线拟合重建的轮廓曲线与融合细分重建的轮廓曲线基本相同，多区域图像纹理替换模型只是造成重建区域的尺寸误差。实验 1 的 MOS 值提高了 0.84，这是由于该幅图像的区域轮廓曲线包含很多类似毛刺的形状特征，而多区域图像纹理替换模型中分段迭代曲线拟合重建的轮廓曲线是平滑的，对区域轮廓形状造成明显的视觉损伤。

表 9-2　视觉质量评价参数值比较

实验	平均意见分		标准差	
	MRITS 算法	本章算法	MRITS 算法	本章算法
实验 1	2.76	3.60	0.1709	0.1960
实验 2	2.56	3.36	0.1986	0.1920
实验 3	2.08	2.84	0.1085	0.1853
实验 4	2.64	3.44	0.1920	0.1986
实验 5	2.80	3.28	0.1600	0.1796

　　表 9-3 是多区域图像纹理替换模型与基于融合细分的多区域纹理图像重构模型所需数据量比较。测试结果表明，与多区域图像纹理替换模型相比，本章算法的纹理图像重构所需数据量略有增加。表 9-4 是本章算法与

多区域图像纹理替换模型运行时间的比较。测试结果表明，与多区域图像纹理替换模型相比，本章算法的轮廓重建计算复杂度有所降低。

表 9-3　纹理图像重构所需数据量比较　　　　　　单位：字节

实验	JPEG2000	MRITS 算法	本章算法
实验 1	12553	4935	5238
实验 2	30988	15536	16527
实验 3	5864	3287	3492
实验 4	6752	5062	5334
实验 5	9393	5732	6098

表 9-4　运行时间比较

实验	MRITS 算法（t_1）/s	本章算法（t_2）/s	时间减少（$\lvert t_2-t_1 \rvert$）/s
实验 1	8.609	8.297	0.312
实验 2	11.406	11.047	0.359
实验 3	2.047	1.938	0.109
实验 4	2.481	2.344	0.137
实验 5	2.593	2.468	0.125

9.4　本章小结

本章提出一种基于融合细分的多区域纹理图像重构模型。首先，该模型得到原始图像的分割区域，进而提取代表轮廓形状的特征向量；其次，利用融合细分重建区域轮廓；最后，将合成的区域纹理填充到重建的区域轮廓曲线中，实现纹理图像重建。

与其他基于区域形状与纹理信息的多区域图像纹理替换模型相比，用本章给出的三重逼近与三重插值统一的融合细分方法重建的区域轮廓，能更准确有效地表征区域轮廓形状。对于包含大量纹理的原始图像，本章算法能得到好的重建结果，但对于含有非纹理细节信息的原始图像，重建质量不理想。因此，根据图像自身特点，设计出更合理的重建方法，适用于更复杂的图像是进一步努力的方向。

10

研究结论与研究展望

10.1　研究结论

　　研究能有效消除感知冗余并具有实时特性的图像/视频编码算法一直是计算机视觉领域的研究热点与难点问题。近年来，研究工作取得了长足的发展，学者们已提出了许多算法与方法来消除视觉感知冗余，但是由于人类视觉感知系统本身的复杂性，有效消除感知冗余、实时的图像/视频编码算法的研究仍是很有挑战性的课题。本书研究了多区域图像与视频纹理替换模型及其并行设计模型，目的是探讨如何有效消除感知冗余以提高数据压缩率，以及如何最小化算法的执行时间。

　　本书主要可分为四个部分：第一部分研究了多区域图像纹理替换模型。第二部分结合动态纹理学习与合成模型，研究了多区域视频纹理替换模型，一种新的、简洁可靠的动态背景重建方法。第三部分研究了多区域纹理替换编码的并行设计模型。第四部分结合三重逼近与三重插值统一的融合细分方法，提出了一种新的多区域纹理图像重构模型。本书的主要创新点为：

　　一是建立了多区域图像纹理替换模型（MRITS Model）。多区域图像纹理替换模型可分为多区域提取、区域轮廓特征提取、区域纹理样本选择和多区域图像重建四个阶段。在多区域轮廓曲线中，该模型能选用最小的纹理样本实现中等水平视觉的区域纹理替换，以便最大限度地消除感知冗余。实验表明，多区域图像纹理替换模型能够获得良好的图像重建质量，而且纹理区域个数越多，重建质量越好；同时，与 JPEG、JPEG2000 相比，多区域图像纹理替换模型不仅能得到更大的压缩率，而且能保留人类视觉最关注的图像信息。

二是建立了多区域视频纹理替换模型（MRVTS Model）。从本质上讲，多区域视频纹理替换模型是一种新的、简洁可靠的动态背景重建方法，以实现任意时长、不重复的动态背景。在多区域视频纹理替换模型中，视频中的每帧图像可分为静态区和动态区；多区域图像纹理替换模型应用于静态区，而动态纹理学习与合成模型应用于动态区，同时借鉴 H.264 压缩编码原理，在学习与合成之前，把静态区域设置为 0，以提高压缩率和效率。实验表明，多区域视频纹理替换模型不仅能获得良好的视频重建质量，而且能保留人类视觉最关注的视频信息。

三是建立了多区域图像纹理替换的并行设计模型。根据多区域图像纹理替换编码模型潜在的并行特性——区域轮廓结构特征提取与纹理样本选择阶段没有数据依赖关系，提出了多区域纹理替换编码的并行设计模型。该模型可分为如下阶段：并行性分析、数据划分、进程间通信、聚集与映射、负载平衡、并行程序、并行算法的性能测试实验。根据上述并行设计模型，本书开发了两种并行算法：一种是基于轮廓的 MPI 并行算法（Contour based MPI Parallel Algorithm）；另一种是基于参数的 MPI 并行算法（Parameter based MPI Parallel Algorithm）。在基于参数的 MPI 并行算法执行过程中，进程间只传递表征区域轮廓结构信息的参数，从而有效地降低数据通信量。实验结果表明，在保证重建图像质量的情况下，上述两种并行算法的执行时间都明显低于串行算法。而且，区域个数越多，并行算法节省的图像重建时间就越多。另外，本书对两种并行算法的性能也进行了对比分析。

四是根据多区域图像纹理替换模型潜在的并行特性——区域轮廓结构特征提取与纹理样本选择阶段没有数据依赖关系，设计了混合 MPI 与 OpenMP 的图像纹理替换并行算法，充分利用数据之间的并行特性，提高时间效率。

五是提出了一种基于融合细分的多区域纹理图像重构模型。首先，提取原始图像的分割区域，经过轮廓跟踪与下采样得到区域形状的特征向量；其次，利用三重逼近与三重插值统一的融合细分方法，重建区域轮廓曲线；最后，合成区域纹理，得到纹理图像重构结果。在多幅自然场景图像上进行实验验证，并给出相应的实验结果和分析。实验结果表明，基于融合细分的多区域纹理图像重构模型正确有效，具有和人类视觉特性相符合的重构结果；所提算法能够减少图像重建时的处理时间，并在图像质量主观评价指标上明显优于多区域图像纹理替换模型。

10.2 研究展望

本书研究了有效消除视觉感知冗余的多区域纹理替换模型，并提出了相应的并行算法以满足实时应用的要求。整个研究工作还不够完善，仍有许多需要改进的地方，笔者认为在以下几个方面还需要展开进一步的研究：

一是多区域图像与视频纹理替换模型还不成熟，合成的区域纹理会给重建图像带来或多或少的视觉误差。因此，实现区域纹理合成的具体方法还需要进一步深入研究。

二是并行多区域纹理替换模型在云计算（Cloud Computing）中的应用。云计算是分布式计算和网格计算的发展，正逐步承担着越来越多的科学计算工作，大大影响着科学技术的手段和方法。因此，软件并行多区域纹理替换算法的设计如何利用云计算技术，并与计算机网络的发展相结合将是进一步提高算法性能的一条充满希望的道路。

参考文献

［1］ Achanta R, Estrada F, Wils P, et al. Salient Region Detection and Segmentation ［C］. Proceedings of the 6th international conference on Computer vision systems, 2008.

［2］ Adamek T, O' Connor N. Efficient Contour-Based Shape Representation and Matching ［C］. Proceedings of the 5th ACM SIGMM International Workshop on Multimedia Information Retrieval, 2003.

［3］ Adve S V, Gharachorloo K. Shared Memory Consistency Models: A Tutorial ［J］. Computer, 1996, 29 (12): 66-76.

［4］ Ahmed N, Natarajan T, Rao K R. Discrete Cosine Transform ［J］. IEEE Transactions on Computers, 1974, C-23 (1): 90-93.

［5］ Andreetto M, Zelnik-Manor L, Perona P. Non-Parametric Probabilistic Image Segmentation ［C］. Rio de Janeiro: 2007 IEEE 11th International Conference on Computer Vision, 2007.

［6］ Angelina S, Suresh L P, Veni S H K. Image Segmentation Based on Genetic Algorithm for Region Growth and Region Merging ［C］. Nagercoil: 2012 International Conference on Computing, Electronics and Electrical Technologies (ICCEET), 2012.

［7］ Ashikhmin M. Synthesizing Natural Textures ［C］. Proceedings of the 2001 Symposium on Interactive 3D Graphics, 2001.

［8］ Bar-Joseph Z, El-Yaniv R, Lischinski D, et al. Texture Mixing and Texture Movie Synthesis Using Statistical Learning ［J］. IEEE Transactions on Visualization and Computer Graphics, 2001, 7 (2): 120-135.

［9］ Candès E J, Donoho D L. New Tight Frames of Curvelets and Optimal

Representations of Objects with C^2 Singularities [J]. Communications on Pure and Applied Mathematics, 2004, 57 (2): 219-266.

[10] Chan T F, Vese L A. Image Segmentation using Level Sets and the Piecewise-Constant Mumford-Shah Model [R]. Technique Report CAM0014, University of California, 2000.

[11] Chen C H, Pau L F, Wang P S P. The Handbook of Pattern Recognition and Computer Vision (2nd edition) [M]. Hackensack: World Scientific Publishing Co. , 1999.

[12] Chen Z L, Wang C, Wu H M, et al. DMGAN: Discriminative Metric-Based Generative Adversarial Networks [J]. Knowledge-Based Systems, 2020 (192): 105370.

[13] Cheng M M, Mitra N J, Huang X, et al. Global Contrast Based Salient Region Detection [J]. IEEE Transactions on Pattern Analysis and Machine Intelligence, 2015, 37 (3): 569-582.

[14] Cheng W H, Wang C W, Wu J L. Video Adaptation for Small Display Based on Content Recomposition [J]. IEEE Transactions on Circuits and Systems for Video Technology, 2007, 17 (1): 43-58.

[15] Cho N I, Mitra S K. Warped Discrete Cosine Transform and Its Application in Image Compression [J]. IEEE Transactions on Circuits and Systems for Video Technology, 2000, 10 (8): 1364-1373.

[16] Chuang Y Y, Goldman D B, Zheng K C, et al. Animating Pictures with Stochastic Motion Textures [J]. ACM Transactions on Graphics, 2005, 24 (3): 853-860.

[17] Cohen M F, Shade J, Hiller S, et al. Wang Tiles for Image and Texture Generation [J]. ACM Transactions on Graphics, 2003, 22 (3): 287-294.

[18] Comaniciu D, Meer P. Mean Shift: A Robust Approach toward Feature Space Analysis [J]. IEEE Transactions Pattern Analysis and Machine Intelligence, 2002, 24 (5): 603-619.

[19] Cornsweet T N. Visual Perception [M]. New York: Academic Press, 1970.

［20］De Dzn H L. Relationship between Critical Flicker-Frequency and a Set of Low-Frequency Characteristics of the Eye ［J］. Journal of Optical Society of America, 1954, 44 (5): 380-389.

［21］Deng Y, Manjunath B S, Shin H. Color Image Segmentation ［J］. Fort Collins: 1999 IEEE Computer Society Conference on Computer Vision and Pattern Recognition, 1999.

［22］Deng Y, Manjunath B S. Unsupervised Segmentation of Color-Texture Regions in Images and Video ［J］. IEEE Transactions on Pattern Analysis and Machine Intelligence, 2001, 23 (8): 800-810.

［23］Derpanis K G P, Wildes R. Spacetime Texture Representation and Recognition Based on a Spatiotemporal Orientation Analysis ［J］. IEEE Transactions on Pattern Analysis and Machine Intelligence, 2012, 34 (6): 1193-1205.

［24］Donoho D L, Vetterli M, DeVore R A, et al. Data Compression and Harmonic Analysis ［J］. IEEE Transactions on Information Theory, 1998, 44 (6): 2435-2476.

［25］Doretto G, Chiuso A, WU Y N, et al. Dynamic Textures ［J］. International Journal of Computer Vision, 2003, 51 (2): 91-109.

［26］Dorsey J, Edelman A, Jensen H W, et al. Modeling and Rendering of Weathered Stone ［C］. Proceedings of the 26th Annual Conference on Computer Graphics and Interactive Techniques, 1999.

［27］Dyn N. Analysis of Convergence and Smoothness by the Formalism of Laurent Polynomials ［M］//Iske A, Quak E, Floater M S. Tutorials on Multiresolution in Geometric Modelling. New York: Springer, 2002: 51-68.

［28］Efros A A, Freeman W T. Image Quilting for Texture Synthesis and Transfer ［J］. Proceedings of the 28th Annual Conference on Computer Graphics and Interactive Techniques, 2001.

［29］Efros A A, Leung T K. Texture Synthesis by Non-Parametric Sampling ［C］. Proceedings of the 7th IEEE International Conference on Computer Vision, 1999.

［30］Felzenszwalb P, Huttenlocher D P. Efficient Graph-Based Image

Segmentation［J］. International Journal of Computer Vision, 2004, 59（2）: 167-181.

［31］ Flynn M J. Some Computer Organizations and Their Effectiveness ［J］. IEEE Transactions on Computers, 1972, 21（9）: 948-960.

［32］ Foster I. Designing and Building Parallel Programs: Concepts and Tools for Parallel Software Engineering［M］. Boston: Addison-Wesley Longman, 1995.

［33］ Gao C B, Zhou J L, Hu J R, et al. Edge Detection of Colour Image Based on Quaternion Fractional Differential［J］. IET Image Processing, 2011, 5（3）: 261-272.

［34］ Gao W, Reader C, Wu F et al. AVS - The Chinese Next-Generation Video Coding Standard［Z］. NAB Show, 2004.

［35］ Granrath D J. The Role of Human Visual Models in Image Processing ［J］. Proceedings of the IEEE, 1981, 69（5）: 552-561.

［36］ Guo C E, Zhu S C, Wu Y N. A Towards a Mathematical Theory of Primal Sketch and Sketchability［C］. Nice: Proceedings Ninth IEEE International Conference on Computer Vision, 2003.

［37］ Guo C L, Ma Q, Zhang L M. Spatio-temporal Saliency Detection Using Phase Spectrum of Quaternion Fourier Transform［J］. Anchorage: 2008 IEEE Conference on Computer Vision and Pattern Recognition, 2008.

［38］ Han J W, Ngan K N, Li M J, et al. Unsupervised Extraction of Visual Attention Objects in Color Images［J］. IEEE Transactions on Circuits and Systems for Video Technology, 2006, 16（1）: 141-145.

［39］ Hartenstein H, Ruhl M, Saupe D. Region-Based Fractal Image Compression［J］. IEEE Transactions on Image Processing, 2000, 9（7）: 1171-1184.

［40］ Henderson J M, Hollingworth A. High-Level Scene Perception［J］. Annual Review of Psychology, 1999（50）: 243-271.

［41］ Hou X, Zhang L. Saliency Detection: A Spectral Residual Approach ［C］. Minneapolis: 2007 IEEE Conference on Computer Vision and Pattern

Recognition, 2007.

［42］Itti L, Koch C, Niebur E. A Model of Saliency-Based Visual Attention for Rapid Scene Analysis ［J］. IEEE Transactions on Pattern Analysis and Machine Intelligence, 1998, 20 (11): 1254-1259.

［43］Itti L, Koch C. Computational Modeling of Visual Attention ［J］. Nature Reviews Neuroscience, 2001, 2 (3): 194-203.

［44］Jain N C, Madewell B R, Weller R E, et al. Clinical-Pathological Findings and Cytochemical Characterization of Myelomonocytic Leukaemia in 5 Dogs ［J］. Journal of Comparative Pathology, 1981, 91 (1): 17-31.

［45］James W. The Principles of Psychology ［M］. New York: Henry Holt and Company, 1890.

［46］Jing F, Li M, Zhang H J. An Efficient and Effective Region-Based Image Retrieval Framework ［J］. IEEE Transactions on Image Processing, 2004, 13 (5): 699-709.

［47］Julesz B, Schumer R A. Early Visual Perception ［J］. Annual Review of Psychology, 1981 (32): 575-627.

［48］Julesz B. Binocular Depth Perception of Computer-Generated Patterns ［J］. The Bell System Technical Journal, 1960, 39 (5): 1125-1162.

［49］Julesz B. Texton Theory of Two-Dimensional and Three-Dimensional Vision ［C］. Society of Photo-Optical Instrumentation Engineers (SPIE) Conference Series, 1983.

［50］Kass M, Witkin A, Terzopoulos D. Snakes: Active Contour Models ［J］. International Journal of Computer Vision, 1988, 1 (4): 321-331.

［51］Kelly D H. Visual Contrast Sensitivity ［J］. Journal of Modern Optics, 1977, 24 (2): 107-129.

［52］Koch C, Ullman S. Shifts in Selective Visual Attention: Towards the Underlying Neural Circuitry ［J］. Human Neurobiology, 1985, 4 (4): 219-227.

［53］Konuru R B, Otto S W, Walpole J. A Migratable User-Level Process Package for PVM ［J］. Journal of Parallel and Distributed Computing, 1997, 40 (1): 81-102.

［54］ Kunt M, Ikonomopoulos A, Kocher M. Second-Generation Image-Coding Techniques ［J］. Proceedings of the IEEE, 1985, 73 (4): 549-574.

［55］ Le Meur O, Le Callet P, Barba D, et al. A Coherent Computational Approach to Model Bottom-Up Visual Attention ［J］. IEEE Transactions on Pattern Analysis and Machine Intelligence, 2006, 28 (5): 802-817.

［56］ Legge G E, Foley J M. Contrast Masking in Human Vision ［J］. Journal of the Optical Society of America, 1980, 70 (12): 1458-1471.

［57］ Li Q, Wang Z. Video Quality Assessment by Incorporating a Motion Perception Model ［C］. San Antonio: 2007 IEEE International Conference on Image Processing, 2007.

［58］ Liang L, Liu C, Xu Y, et al. Real-Time Texture Synthesis by Patch-Based Sampling ［J］. ACM Transactions on Graphics, 2001, 20 (3): 127-150.

［59］ Limb J, Rubinstein C. On the Design of Quantizer for DPCM Coders: A Functional Relationship between Visibility, Probability and Masking ［J］. IEEE Transactions on Communications, 1978, 26 (5): 573-578.

［60］ Liu T, Sun J, Zheng N N, et al. Learning to Detect a Salient Object ［C］. Minneapolis: 2007 IEEE Conference on Computer Vision and Pattern Recognition, 2007.

［61］ López M T, Fernández-Caballero A, Fernández M A, et al. Visual Surveillance by Dynamic Visual Attention Method ［J］. Pattern Recognition, 2006, 39 (11): 2194-2211.

［62］ Ma Y F, Zhang H J. A Model of Motion Attention for Video Skimming ［C］. Rochester: International Conference on Image Processing, 2002.

［63］ Mallat S G. A Theory of Multiresolution Signal Decomposition: The Wavelet Representation ［J］. IEEE Transactions on Pattern Analysis and Machine Intelligence, 1989, 11 (7): 674-693.

［64］ Mancas M, Mancas-Thillou C, Gosselin B, et al. A Rarity-Based Visual Attention Map-Application to Texture Description ［C］. Atlanta: 2006 International Conference on Image Processing, 2006.

［65］ Marr D. Vision: A Computational Investigation into the Human Representation and Processing of Visual Information ［J］. San Francisco: W. H. Freeman, 1982.

［66］Martinian E, Behrens A, Xin J, et al. Extensions of H. 264/AVC for Multiview Video Compression ［C］. Atlanta: 2006 International Conference on Image Processing, 2006.

［67］Mignotte M. Segmentation by Fusion of Histogram-Based K-Means Clusters in Different Color Spaces ［J］. IEEE Transactions on Image Processing, 2008, 17 (5): 780-787.

［68］Ndjiki-Nya P, Bull D, Wiegand T. Perception-Oriented Video Coding Based on Texture Analysis and Synthesis ［C］. Cairo: 2009 16th IEEE International Conference on Image Processing, 2009.

［69］Neyret F, Cani M P. Pattern-Based Texturing Revisited ［C］. Los Angeles: Proceedings of the 26th Annual Conference on Computer Graphics and Interactive Techniques, 1999: 235-242.

［70］Nickerson D. History of the Munsell Color System, Company, and Foundation ［J］. Color Research and Application, 1976, 1 (3): 121-130.

［71］Olshausen B A, Field D J. Sparse Coding with an Overcomplete Basis Set: A Strategy Employed by V1? ［J］. Vision Research, 1997, 37 (23): 3311-3325.

［72］Pan J, Lin S J, Luo X N. A Combined Approximating and Interpolating Subdivision Scheme with C^2 Continuity ［J］. Applied Mathematics Letters, 2012, 25 (12): 2140-2146.

［73］Portilla J, Strela V, Wainwright M J, et al. Image Denoising using Scale Mixtures of Gaussians in the Wavelet Domain ［J］. IEEE Transactions on Image Processing, 2003, 12 (11): 1338-1351.

［74］Quinn M J. Parallel Programming in C with MPI and OpenMP ［M］. Dubuque: McGraw-Hill Education Group, 2003.

［75］Richardson I E G. H. 264 and MPEG-4 Video Compression ［M］. London: John Wiley & Sons Ltd. , 2003.

［76］Sahni S, Thanvantri V. Performance Metries: Keeping the Focus on

Runtime [J]. IEEE Parallel & Distributed Technology: Systems & Applications, 1996, 4 (1): 43-56.

[77] Schröder P, Sweldens W. Spherical Wavelets: Efficiently Representing Functions on the Sphere [C]. New York: Proceedings of the 22nd annual conference on Computer graphics and interactive techniques, 1995.

[78] Schwarz H, Marpe D, Wiegand T. Overview of the Scalable Video Coding Extension of the H. 264/AVC Standard [J]. IEEE Transactions on Circuits and Systems for Video Technology, 2007, 17 (9): 1103-1120.

[79] Seo S, Ki S, Kim M. Deep HVS-IQA Net: Human Visual System Inspired Deep Image Quality Assessment Networks [C]. Computer Vision and Pattern Recognition, 2019.

[80] Shannon C E. A Mathematical Theory of Communication [J]. The Bell System Technical Journal, 1948, 27 (3): 379-423.

[81] Shumway R H, Stoffer D S. Time Series Analysis and Its Applications [M]. New York: Springer, 2000.

[82] Sikora T. Trends and Perspectives in Image and Video Coding [J]. Proceedings of the IEEE, 2005, 93 (1): 6-17.

[83] Snir M, Otto SW, Huss-Lederman S, et al. MPI: The Compelete Reference [M]. Combridge: MIT Press, 1996.

[84] Su S, Yan Q, Zhu Y, et al. Blindly Assess Image Quality in the Wild Guided by a Self-Adaptive Hyper Network [C]. Seattle: 2020 IEEE/CVF Conference on Computer Vision and Pattern Recognition (CVPR), 2020.

[85] Sullivan G J, Wiegand T. Video Compression-From Concepts to the H. 264/AVC Standard [J]. Proceedings of the IEEE, 2005, 93 (1): 18-31.

[86] Sun K, Yang Y Y, Ye L, et al. Image Restoration Using Piecewise Iterative Curve Fitting and Texture Synthesis [C]. Proceedings of the 4th International Conference on Intelligent Computing, 2008.

[87] Szummer M, Picard R W. Temporal Texture Modeling [C]. Proceedings of 3rd IEEE International Conference on Image Processing, 1996.

[88] Valaeys S, Menegaz G, Ziliani F, et al. Modeling of 2D+1 Texture

Movies for Video Coding［J］. Image and Vision Computing，2003，21（1）：49-59.

［89］Vetterli M，Herley C. Wavelets and Filter Banks：Theory and Design ［J］. IEEE Transactions on Signal Processing，1992，40（9）：2207-2232.

［90］Walther D. Interactions of Visual Attention and Object Recognition：Computational Modeling，Algorithms，and Psychophysics［D］. Pasadena：California Institute of Technology，2006.

［91］Wang J D，Pang M Y，Zhao R B. Texture Synthesis Using Rotational Wang Tiles［J］. Journal of Image and Graphics，2013，18（1）：49-54.

［92］Wei L Y，Levoy M. Fast Texture Synthesis using Tree-Structured Vector Quantization［C］. Proceedings of the 27th Annual Conference on Computer Graphics and Interactive Techniques，2000.

［93］Wilkinson B，Allen M. 并行程序设计（第2版）［M］. 陆鑫达，等译. 北京：机械工业出版社，2005.

［94］Xu Y Q，Guo B，Shum H. Chaos Mosaic：Fast and Memory Efficient Texture Synthesis［Z］. Microsoft Research，2000.

［95］Xue W，Zhang L，Mou X. Learning without Human Scores for Blind Image Quality Assessment［C］. Portland：2013 IEEE Conference on Computer Vision and Pattern Recognition，2013.

［96］Zhang C X，Lou J，Yu L，et al. The Technique of Prescaled Integer Transform［C］. Kobe：IEEE International Symposium on Circuits and Systems，2005.

［97］Zhang D S，Lu G J. Review of Shape Representation and Description Techniques［J］. Pattern Recognition，2004，37（1）：1-19.

［98］Zujovic J，Pappas T N，Neuhoff D L. Structural Texture Similarity Metrics for Image Analysis and Retrieval［J］. IEEE Transactions on Image Processing，2013，22（7）：2545-2558.

［99］柴豆豆，王怡影，李雯雯. 空间频率变化对图像质量影响的研究［J］. 安徽工程大学学报，2019，34（4）：51-55.

［100］陈国良. 并行计算——结构·算法·编程［M］. 北京：高等

教育出版社，2003.

［101］陈霄，沈洪健，李菲，等．基于谱残差与笔画宽度变换的显著性文本检测方法［J］．吉林大学学报（理学版），2017，55（6）：1528-1532.

［102］贾川民，马海川，杨文瀚，等．视频处理与压缩技术［J］．中国图象图形学报，2021，26（6）：1179-1200.

［103］李志威，刘明军，刘腾澳，等．基于非线性有限元的可变形模型的变形方法［J］．计算机应用，2013，33（3）：684-687.

［104］梁远哲，马瑜，江妍，等．基于分数阶混合蝙蝠算法的 Otsu 图像分割［J］．计算机工程与设计，2021，42（11）：3091-3098.

［105］刘东，王叶斐，林建平，等．端到端优化的图像压缩技术进展［J］．计算机科学，2021，48（3）：1-8.

［106］刘洋，李一波，姬晓飞，等．基于稀疏编码的动态纹理识别［J］．中国图象图形学报，2014，19（8）：1185-1193.

［107］彭玉华．小波变换与工程应用［M］．北京：科学出版社，2003.

［108］沈兰荪，卓力．小波编码与网络视频传输［M］．北京：科学出版社，2005.

［109］宋素华，喻高航．高阶马尔科夫链极限概率分布的一种松弛算法［J］．杭州电子科技大学学报（自然科学版），2022，42（2）：90-95.

［110］唐向宏，李齐良．时频分析与小波变换［M］．北京：科学出版社，2008.

［111］杨昀臻，赵广州．基于二维 Arimoto 灰度交叉熵的图像阈值分割［J］．计算机与数字工程，2018，46（8）：1647-1653.

［112］易成，袁伟．基于小波分析与奇异谱分析的时间序列模型的应用分析［J］．地矿测绘，2019，35（4）：6-9.

［113］喻莉，郭姗，徐士麟，等．基于人眼感知特性的亮度系数压缩方法［J］．中国图象图形学报，2009，14（3）：452-457.

［114］张春田，苏育挺，张静．数字图像压缩编码［M］．北京：清华大学出版社，2006.

［115］张文钧，蒋良孝，张欢，等．一种双层贝叶斯模型：随机森林

朴素贝叶斯［J］．计算机研究与发展，2021，58（9）：2040-2051.

［116］章毓晋．图像工程（中册）［M］．北京：清华大学出版社，2005.

［117］邹昆，沃焱，张见威．基于样图的层式体纹理合成算法［J］．计算机工程，2012，38（15）：208-210+214.